즐겁게 먹으면서
시작하는 건강
다이어트 요리

Cookbook Series **···**

★03

라이프스타일을 바꾸는 간편한 건강 요리

즐겁게 먹으면서
시작하는 **건강**
다이어트 요리

피쉬북

라이프스타일을 바꾸는 간편한 건강 요리

즐겁게 먹으면서 시작하는 건강 다이어트 요리

다이어트에 관심 없는 사람이 있을까?
적당한 운동과 영양의 밸런스를 고려한
무공해 자연 밥상은 분명,
건강 다이어트를 약속한다.
즐겁게 먹으면서 시작하는 다이어트!

story1···

된장, 두부, 녹차, 토마토, 요구르트
한국 사람에게 이로운 5가지 파워푸드

story2···

몸이 가벼우면 마음도 즐거워진다
200칼로리면 충분한 샐러드 한 그릇

story3···

몸이 먼저 알아보는 가벼운 식단
밥 대신 먹는 속 든든한 간단요리

Contents

무공해 다이어트 요리

1 Lesson

2 Lesson

3 Lesson

Lesson ··· 고단백 저칼로리 메뉴로 식단 짜기
재료를 알면
건강이 보여요!

먹으면서
날씬해지는
일주일
Slim 식단

아침 · · 표고버섯 곤약밥 | 일본식 된장국 | 배추김치 | 오이무침
점심 · · 김치초밥 | 맑은 콩나물국
저녁 · · 현미밥 | 미역국 | 구운 닭고기와 야채절임 | 멸치볶음 | 배추김치

아침 · · 콩오믈렛 | 우유
점심 · · 오이 당근 야채비빔밥(또는 부추와 팽이버섯을 넣은 쇠고기말이) | 나박김치
저녁 · · 검정콩밥 | 김치찌개 | 곤약 부추무침 | 흰살생선 허브구이 | 삶은 브로콜리와 초고추장

아침 · · 찐 닭고기 셀러리샌드위치 | 녹차우유 | 과일
점심 · · 멸치 잡곡 주먹밥 | 달걀국 | 깍두기
저녁 · · 밥 | 다시마 냉국 | 참기름소스 닭고기무침 | 배추겉절이

아침 · · 밥 | 구운 버섯샐러드 | 배추김치 | 숙주나물
점심 · · 쇠고기샤브덮밥 | 시금치 된장국 | 배추김치
저녁 · · 밥 | 돼지고기 향채말이와 초간장소스 | 된장찌개 | 상추겉절이

아침 · · 구운 베이글과 크림치즈 | 사과 파인애플주스
점심 · · 마파감자 덮밥 | 풋고추 오뎅국 | 깍두기
저녁 · · 현미밥 | 불고기 | 매실 간장 오징어무침 | 배추쌈과 쌈장 | 나박김치

아침 · · 토스트 | 아스파라거스와 참치 요구르트샐러드 | 우유
점심 · · 양배추를 듬뿍 넣은 마늘볶음밥 | 생오이와 고추장
저녁 · · 잡곡밥 | 순두부찌개 | 메밀 김치전 | 조기구이 | 총각김치

아침 · · 단호박 콩찜 | 녹차우유 | 과일
점심 · · 밥 | 조개국 | 칠리소스맛 두부 새우요리 | 콩나물무침
저녁 · · 바지락 녹차 감자수제비 | 배추겉절이 | 풋고추와 쌈장

영양의 균형을 알아야 건강한 다이어트에 성공한다!

point 1

당질을 반드시 섭취한다

밥, 빵, 고구마, 면류 등 당질에 속하는 식품은 몸의 에너지원이라고 해도 과언이 아니다. 과식하면 살찌는 원인이 되지만 뇌의 활동에 꼭 필요한 영양소이기 때문에 꼭 챙겨 먹어야 한다.

point 2

철은 여성에게 필수적인 영양소

철이 함유된 식품은 시금치, 간, 조개류 등이 있으며 적혈구 속에 들어 있는 색소 단백질인 헤모글로빈을 만든다. 결핍되면 빈혈과 생리 불순에 걸리기 쉬우므로 다이어트하는 여성의 경우 철분 섭취에 특별한 주의가 필요하다.

point 3

지방은 다른 식품과 함께 섭취한다

기름, 버터, 지방이 많은 고기, 생선 등 지방이 들어 있는 식품은 주로 에너지원 역할을 한다. 비타민 A, D, E 등의 흡수를 돕기도 하고, 콜레스테롤은 세포의 벽을 구성하는 역할도 한다. 부족하면 단백질과 마찬가지로 영양의 밸런스가 깨지기 쉽지만, 지방만을 과다 섭취한다면 오히려 다이어트에 실패할 확률이 높다. 다른 식품과 함께 섭취하도록 한다.

point 4

단백질은 영양의 밸런스를 맞춰 섭취한다

단백질에 속하는 살코기, 생선살, 달걀, 우유 등은 세포의 주성분. 이 단백질 성분은 축적해 둘 수 없으므로 식사 때마다 섭취해야 한다. 여러 종류의 단백질 식품을 함께 먹으면서 영양소를 서로 보충해 주는 것이 좋다.

point 5

칼슘 섭취는 평소에

뼈와 치아의 주성분 역할을 하는 칼슘. 비타민 D는 칼슘의 흡수를 돕고 뼈를 튼튼하게 한다. 칼슘 역시 흡수가 어려우므로 절대적으로 많이 섭취하는 것이 중요하다. 평소 우유, 멸치, 해조류 등을 많이 섭취한다.

point 6

비타민 A는 뼈와 치아에 도움을 준다

비타민 A는 피부를 보호하고 눈의 기능을 지킨다. 결핍되면 성장이 멈추기도 하고 뼈와 치아에 이상이 생긴다. 흡수가 어렵고 부족하기 쉬우므로 부족하지 않게 섭취하는 것을 잊지 말도록! 비타민 A가 함유된 식품은 호박, 버터, 달걀 등이 있다.

point 7

적당한 염분 섭취는 몸에 좋다

염분은 몸의 작용을 조절한다. 염분이 없으면 생명을 유지할 수 없지만 지나치게 많이 섭취하면 고혈압의 원인이 되므로 담백한 맛이 나는 식품에 익숙해지도록 노력한다. 염분이 들어 있는 식품으로는 식염, 치즈, 멸치 등이 있다.

point 8

비타민 B1은 그때 그때 섭취한다

비타민 B1은 당질과 지방의 소화 흡수를 도와준다. 특히 당질이 에너지로 변화할 때 많이 사용되기 때문에 당질과 함께 먹으면 효과적이다. 몸에 비축해두기 어려우므로 그때그때 충분히 섭취해야 한다. 비타민 B1이 많이 들어 있는 식품으로는 돼지고기, 햄, 콩류, 현미, 보리, 야채 등이 있다.

point 9

식물섬유는 적당히

식물섬유는 체내에서는 이용되지 않는 영양소지만 원활한 배설을 도와주는 작용을 한다. 과다 섭취하면 비타민 등을 씻어내므로 주의해야 한다. 식물섬유를 함유한 식품에는 과일, 야채, 해조류 등이 있다.

식생활을 바꾸면
몸이 한결 가벼워진다!

point 1

간식을 체크해 본다

초콜릿, 비스킷, 쿠키 등 과자류를 많이 먹는다면 양과 시간을 정해놓고 하루에 한 번 정도만 먹는다. 주스, 콜라, 사이다 등의 음료수는 마시지 않는 것이 가장 좋은데, 꼭 마시고 싶다면 일주일에 1~2병 정도의 양으로 조절한다.

point 2

기름진 음식보다는 야채를

튀긴 음식과 볶은 음식, 마요네즈를 사용한 샐러드는 하루에 한 가지씩만 먹는다. 특히 야채를 먹지 않고 있다면 식사 내용에 문제가 많다고 볼 수 있다. 고기를 많이 먹고 있으면 지방과다 섭취에 주의할 필요가 있으며, 음식을 빨리 먹는 경우에는 식사량도 많아지기 쉽다. 식사 시간은 적어도 20분 정도가 되도록 한다.

point 3

살찌는 원인을 찾자

서양 음식을 좋아하고 고기를 매우 좋아한다면 일단 다이어트에 많은 장애 요인을 안고 있는 것. 고기는 단백질의 주요 공급원으로서 중요한 것이지만 고기와 함께 지방도 섭취해 버리기 때문에 과식하면 칼로리 과잉이 되고 만다.

고기의 지방은 콜레스테롤 수치를 상승시켜 성인병에도 영향을 끼칠 수 있다. 스테이크를 먹고 싶다면, 프라이팬에 굽지 말고 석쇠에 구우면 불필요한 기름이 빠지고 칼로리는 반으로 줄어든다. 이런 방식으로 조리법을 달리하여 식사를 한다.

point 4

나쁜 습관은 빨리 고친다

잠자리에 들기 전에 음식을 입에 넣지 않으면 신경질이 나고 잠을 잘 수 없는 '야식 증후군'이라면 야식 습관을 빨리 바꿔야 한다. 밤에 먹은 것은 지방으로 축적되는 비율이 높고 살찌는 원인이 되기 때문이다. 우선 저녁은 가능한 한 일찍 먹고, 잠자기 2시간 전부터는 음식을 절대 입에 대지 않는 습관을 갖자. 야식은 빵이나 라면 등의 당질 식품은 피하고 과일과 우유, 신선한 주스 정도로 간단한 것을 먹도록 한다.

point 5

군것질은 최대의 적

간식으로 살이 찌는 사람의 경우를 보면 저녁 식사 전에 단것을 과식하기 때문에 저녁 밥맛이 없어서 제대로 저녁을 먹지 않아 밤에 배가 고파져 야식을 찾는다. 그러다보니 다음날 아침을 거르게 되는 악순환이 연속되는 것. 간식의 내용과 시간을 엄격히 정해서 식사에 지장이 없도록 하는 것이 중요하다. 먹어도 좋은 간식은 과자류가 아니라 과일이나 감자, 고구마, 우유 및 유제품 정도로 제한하는 것이 좋다.

point 6

다양한 메뉴를 준비한다

식사의 칼로리 양을 줄이다보면 뭔가 부족한 듯하고 제대로 먹지 못한 느낌을 계속 간직하기 쉽다. 이런 문제를 극복하려면 다양한 메뉴로 싫증나지 않도록 해야 한다. 이때의 포인트는 정해진 칼로리 내에서 얼마나 다양하게 즐길 수 있느냐, 그리고 똑같은 재료를 가지고도 어떻게 조리하면 칼로리를 낮추느냐 하는 것이다. 평소 좋아하는 재료를 이용해서 식단을 짜보자.

point 7

먹어도 살이 찌지 않는 야채

토마토는 칼로리는 높지 않으면서 비타민 A와 C를 충분히 섭취하게 해준다. 소화도 잘되기 때문에 대부분의 사람들이 좋아하는 야채. 브로콜리는 비타민 A와 C, 철분, 칼슘 등이 많이 들어 있는 야채로 영양가가 아주 높다. 모양도 예쁘게 만들어 폼나는 그릇에 담아 먹으면 포만감과 함께 기분까지 좋아진다. 당근은 카로틴 함유가 많은 야채. 카로틴은 체내에서 비타민 A로 전환되며 칼슘, 철분, 식물섬유 등도 풍부하다. 색깔이 곱기 때문에 식욕을 자극하기도 한다.

01

된장, 두부, 녹차, 토마토, 요구르트

Lesson 1···
한국 사람에게 이로운 5가지

파워푸드

두부를 듬뿍 넣은 된장찌개와 토마토 샐러드를

반찬 삼아 식사를 마친 후 녹차 한 잔.

에피타이저로 요구르트를 하나 먹어도 좋다.

아무리 먹어도 살이 찔 것 같지 않은 건강 다이어트

메뉴. 우리 몸에 이로운 우리 음식을 만나보자.

된장 야채쌈 보리밥

아삭거리는 씹는 맛을 살려 찜통에 쪄낸 양배추와 각종 쌈 채소들. 여기에 된장과 고추장을 넣어 만든 쌈장을 곁들이면 열 반찬 필요없다.

재료

양배추 10장
배추속대 약간
케일 약간
상추 10장
치커리 약간
비트잎 약간
각종 쌈 채소
보리밥 4공기

쌈장

된장 3큰술
고추장 2큰술
사이다 2큰술
다진 마늘 1큰술
다진 파 1큰술
깨소금 1/2큰술
참기름 1큰술
고춧가루 1/2큰술
설탕 1작은술
다진 고추 1큰술

만들기

1 양배추는 심을 도려내고 따뜻한 물에 담가놓았다가 부드러워지면 한 장씩 벗겨서 찜통에 찐 후 식힌다.

2 케일은 흐르는 물에 깨끗하게 씻어 찜통에 넣어 살짝만 쪄내고, 배추속대도 한 장씩 흐르는 물에 깨끗이 씻어서 아삭거릴 정도로 찐다.

3 상추와 치커리, 비트잎, 각종 쌈 야채는 흐르는 물에 씻어 물기를 빼고 준비한다.

4 준비한 재료를 분량대로 섞어 쌈장을 만든다. 된장과 고추장을 같이 넣으면 된장 특유의 텁텁한 맛을 고추장의 매운맛과 향이 줄여주어 훨씬 맛있는 쌈장이 된다.

5 양배추, 배추속대, 케일에 보리밥을 한 숟가락씩 놓고 ④의 쌈장을 적당히 올린 후 둥글게 싸서 그릇에 담아낸다. 쌈장은 먹기 직전에 살짝 얹어 먹어도 좋다.

6 따로 준비한 상추, 치커리, 비트잎 등 각종 쌈 야채는 접시에 보기 좋게 담아 보리밥, 쌈장과 함께 낸다.

부 추 양 파 된 장 무 침

재료 부추 200g, 양파 1/2개, 붉은 고추 1개 **양념** 된장 1½큰술, 간장 · 다진 마늘 · 식초 · 깨소금 · 참기름 1/2큰술씩, 물엿 1큰술, 고춧가루 1작은술

만들기
1 부추는 밑동을 손질한 뒤 씻어서 물기를 충분히 뺀 다음 3cm 길이로 썬다.
2 양파는 반으로 썰어서 다시 길이로 곱게 채 썬 후 물에 담가 매운맛을 뺀 다음 건져서 물기를 충분히 뺀다.
3 붉은 고추는 반으로 갈라 씨를 털어낸 뒤 씻어서 채로 썬다.
4 볼에 양념 재료를 분량대로 넣고 골고루 섞는다.
5 볼에 ①~③의 야채를 담은 뒤 ④의 양념장을 고루 뿌려 상에 낸다. 먹기 직전에 양념장에 버무려 상에 내도 맛깔스럽다.

된장 야채 수제비

된장 국물의 구수한 맛과 야채의 신선함이 한데 어우러진 건강 수제비. 따로 소금 간을 하지 말고, 조금 싱거운 듯 먹는 것이 좋다.

재료

밀가루 300g
(물 100cc, 소금 약간,
식용유 1큰술)
애호박 1/2개
감자 1개
표고버섯 4개
양파 1/2개
다진 마늘 1작은술
된장 1큰술
멸치(국물용) 10마리
마른 새우 1큰술
북어포 30g
물 6컵

만들기

1 밀가루에 소금을 조금 넣은 뒤 물을 조금씩 부어가면서 되직하게 반죽한다. 여기에 식용유를 넣어서 반죽한다. 더 쫄깃하게 하려면 반죽을 비닐봉지에 넣고 냉장고 안에 30분 정도 둔다.

2 멸치는 머리는 그대로 두고 내장만 제거한다. 냄비에 물을 붓고 손질된 멸치를 넣어서 국물이 우러나도록 20분 정도 끓인다. 멸치를 건져내고 여기에 새우와 북어포를 넣어 끓인다.

3 애호박과 감자는 반달 모양으로 썰고, 양파는 작게 썬다. 버섯은 기둥을 떼어내고 얄팍하게 썬다.

4 ②의 국물에 된장을 고운 체에 밭쳐 풀어준다.

5 ④에 감자를 먼저 넣고 한소끔 끓이다가 ①의 수제비 반죽을 손으로 쭉쭉 늘려가며 떼어 넣는다.

6 수제비가 동동 떠오르면 호박과 양파, 버섯을 넣고 다진 마늘을 넣은 후 간이 부족하면 소금을 넣어 간을 맞춘다.

무청 된장무침

재료 말린 무청 80g
양념 된장 2큰술, 다진 파 1큰술, 다진 마늘 · 깨소금 · 참기름 1/2큰술씩, 설탕 1/2작은술

만들기
1 무청은 물에 한나절 정도 불려놓는다.
2 넉넉하게 물을 담은 냄비에 ①을 넣고 푹 삶는다.
3 무청이 어느 정도 물러진 듯하면 불에서 내려 건진 뒤 찬물에 여러 번 물을 갈아가면서 헹군다.
4 ③의 무청을 건져 물기를 충분히 뺀 다음 먹기 좋게 자른다.
5 볼에 양념 재료를 분량대로 넣고 골고루 섞다가 ④의 잘라놓은 무청을 넣어 맛이 고루 배도록 무쳐낸다.

된장소스 치킨샐러드

샐러드와 된장소스? 산뜻한 레몬향의 된장 특유의 향을 조절해 주어 우리 입맛에 잘 맞는 치킨샐러드를 완성시킨다.

재료

닭가슴살 300g
소금 · 후춧가루 약간씩
양파즙 1큰술
달걀 1개
밀가루 약간
빵가루 1/2컵
식용유 3컵
양상추 5장
치커리 약간
상추 약간
당근 1/2개

된장소스

된장 1/2큰술
올리브유 2큰술
레몬즙 1큰술
식초 1/2큰술
물 1큰술
다진 마늘 1작은술
설탕 1큰술
통깨 1작은술
소금 · 후춧가루 약간씩

만들기

1 닭가슴살은 깨끗하게 씻어 물기를 턴 후 2cm 두께로 썰어 소금, 후춧가루, 양파즙을 넣고 양념해서 잠시 재어둔다.

2 양상추, 치커리, 상추는 깨끗하게 씻어 물기를 턴 후 손으로 적당하게 뜯어 찬물에 담가두고, 당근도 길이로 잘라서 얄팍하게 어슷 썰어 찬물에 담가둔다.

3 된장소스는 된장에 식초, 물, 레몬즙을 넣고 잘 섞어서 체에 한 번 내린 후 다른 소스 재료를 넣고 잘 섞어 만든다.

4 ①의 닭가슴살에 밀가루, 달걀, 빵가루 순으로 튀김옷을 입히고 노릇하게 튀긴 다음 종이 타월에 밭쳐 기름기를 빼고 먹기 좋은 크기로 자른다.

5 찬물에 담가놓았던 야채를 건져서 물기를 뺀 후 그릇에 담고 그 위에 튀겨서 기름을 뺀 닭고기를 올린 다음 먹기 바로 직전에 ③에서 만들어놓은 된장소스를 뿌린다.

가지 돼지고기 된장볶음

된장이 돼지고기의 누린내를 없애주어 색다른 맛의 가지 볶음 요리를 맛볼 수 있다.

재료

가지 4개
피망 3개
돼지고기 200g
참기름 1/2큰술
식용유 약간

양념

된장 2큰술
두반장 1½작은술
설탕 2작은술
청주 1큰술

만들기

1 가지는 깨끗하게 씻은 후 동글게 5mm 두께로 썰어 물에 담가놓는다.

2 피망은 꼭지를 떼어내고 반으로 잘라서 씨를 털어낸 뒤 먹기 좋게 한 입 크기로 썬다.

3 돼지고기는 얄팍하게 썰어 준비한다.

4 볼에 양념 재료를 분량대로 넣고 고루 섞어놓는다.

5 프라이팬에 기름을 두른 뒤 얄팍하게 썰어놓은 고기를 넣고 노릇하게 굽는다.

6 ⑤에 가지와 피망을 넣고 볶다가 ④의 양념을 넣어 계속해서 볶는다. 마지막에 참기름을 넣어 한 번 더 볶아낸다.

두부 다시마말이

준비한 재료들만 살펴봐도 다이어트가 될 듯싶다. 초고추장 대신 겨자 소스를 곁들여도 좋다. 두 가지 소스를 준비하여 서로 다른 맛을 느껴보는 건 어떨까.

재료

다시마 40cm
두부 150g
다진 파 1작은술
부추 5줄기
표고버섯 2개
당근 1/4개
소금 · 참기름 약간씩
깨소금 · 흰후춧가루 약간씩
식용유 약간

초고추장

고추장 1큰술
설탕 1큰술
식초 1큰술
생강즙 1/2작은술

만들기

1 다시마는 끓는 물에 부드럽게 데친 후 냉수에 담갔다 건져 물기를 없애고 길이 8cm, 넓이 5cm로 자른다.

2 두부는 으깬 후 면 보자기에 꼭 짜서 물기를 제거한다.

3 당근은 2cm 길이로 채 썰어 팬에 기름을 살짝 두르고 소금을 약간 뿌려 볶아낸다.

4 부추는 2cm 길이로 자르고, 표고버섯은 따뜻한 물에 불린 후 기둥을 떼어내고 2cm 길이로 채썰어 간장과 설탕으로 양념하여 팬에 볶는다.

5 으깬 두부에 소금, 참기름, 깨소금, 다진 파, 흰 후춧가루를 넣어 양념한다.

6 ⑤의 양념한 두부에 당근, 부추, 표고버섯을 넣어 다시 반죽한 후 지름 1.5cm, 길이 5cm 크기로 빚는다.

7 분량대로 재료를 섞어 초고추장을 만든다.

8 ①의 다시마에 ⑥의 두부를 얹고 말아 2등분하여 접시에 담고, 초고추장을 곁들인다.

배추겉절이를 얹은 촌두부무침

재료 두부 1모, 배추속대 4장, 미나리 50g, 치커리 10줄기
양념장 간장 1큰술, 고춧가루 1큰술, 설탕 · 식초 · 깨소금 약간씩, 참기름 1/2큰술

만들기
1 두부는 끓는 물에 넣어 알맞게 데친다.
2 배추는 흐르는 물에 씻어서 물기를 뺀 뒤 1cm 폭으로 도톰하게 썰고, 치커리는 손질하여 씻은 뒤 한 입 크기로 뜯어서 준비한다.
3 미나리는 깨끗하게 씻어서 물기를 뺀 뒤 3cm 길이로 썬다.
4 데친 두부는 건져 물기를 뺀 뒤 먹기 좋게 썰어서 접시에 담고 준비한 ②, ③의 야채를 올린다.
5 볼에 분량의 재료를 넣고 섞어 양념장을 만든 뒤 ④에 끼얹어낸다. 두부가 뜨끈할 때 먹는 것이 좋다.

Lesson 1
5가지 파워푸드

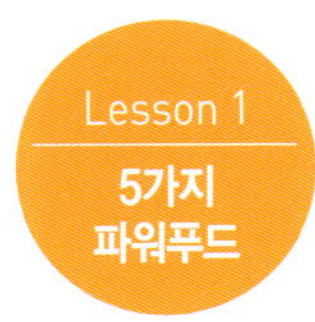

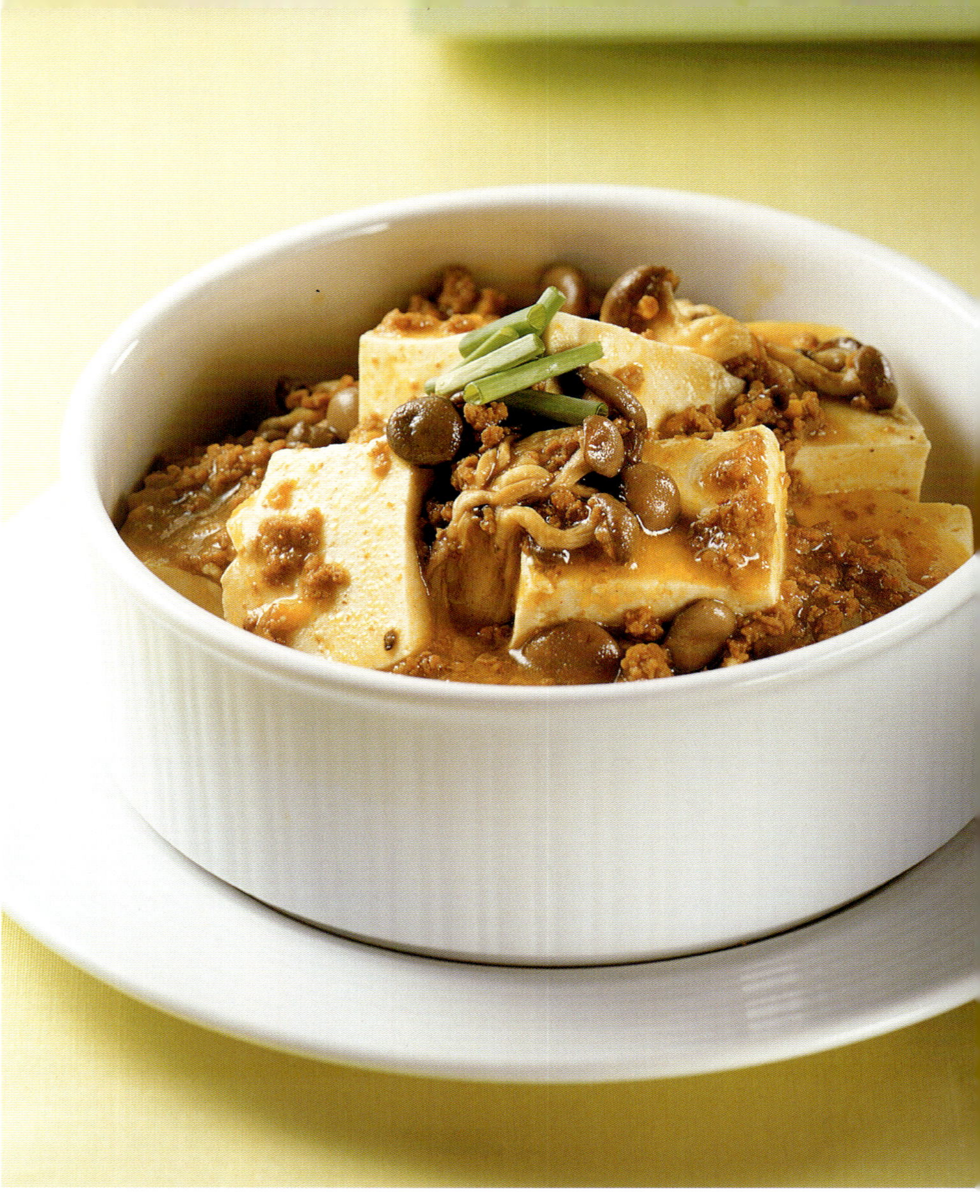

카레 두부조림

두부의 고소하고 담백한 맛과 카레의
매력적인 맛의 조화를 경험해 보자.

재료

두부 1모
쇠고기 다진 것 100g
애느타리버섯 100g
실파 3줄기
물 1컵
카레가루 $1\frac{1}{2}$작은술
녹말물
(녹말가루 1/2큰술, 물 1/2큰술)
설탕 1큰술
간장 $1\frac{1}{2}$큰술
소금 약간

만들기

1 두부는 종이타월에 싸서 내열용기에 담고 전자레인지에서 3분 정도 가열하여 물기를 뺀다.
2 애느타리버섯은 밑동을 잘라내고 가닥가닥 뜯어서 준비하고, 실파는 어슷하게 썬다.
3 ①의 두부를 먹기 좋게 한입 크기로 썬다.
4 기름 두른 냄비에 쇠고기 다진 것을 넣어 볶다가 카레가루를 넣어 잘 섞어가며 볶는다. 카레가루가 전체적으로 잘 섞이면 물을 부어 끓인다.
5 ④에 설탕과 간장, 소금을 넣어서 끓으면 버섯을 넣는다.
6 ⑤에 ③의 두부를 넣고 5분 정도 끓인 후 녹말물을 넣고 걸쭉해지도록 끓여 완성한다. 그릇에 담은 다음, 실파를 뿌려서 낸다.

두부 야채조림

조금 매콤한 맛을 즐기고 싶을 때,
싱거운 간으로 조리하여 준비한다.

재료

두부 1모
밀가루 · 샐러드유 약간씩
양파 1개
당근 1/2개
통깨 약간
양념
간장 3큰술
고춧가루 1큰술
청주 1큰술
다진 마늘 1/2큰술
다진 파 1큰술
물엿 1/2큰술
참기름 1큰술
물 1/2컵

만들기

1 두부는 면보에 싸서 도마로 눌러두어 물기를 뺀 후 1cm 두께, 3cm 크기로 썬다.

2 양파와 당근은 채를 썰어서 준비한다.

3 두부에 소금을 뿌려서 밑간한 후 밀가루를 고루 묻힌다.

4 프라이팬에 기름을 두르고 ③의 두부를 넣어서 노릇하게 지져낸다.

5 재료를 잘 섞어 양념을 만든다.

6 팬에 기름을 두르고 양파와 당근을 볶다가 ⑤를 넣고 끓인다.

7 ⑥에 지져둔 두부를 넣어서 조린다.

8 자작하게 조린 후 그릇에 담고 깨를 뿌린다.

조개 연두부국

늦은 시간, 저녁 식사 시간은 놓쳤고, 배는 고픈데 먹으면 살찔 것 같고…. 싱겁게 간을 한 연두부국을 준비해 보자.
포만감도 느낄 수 있고 영양 보충도 가능하다.

재료

연두부 1모
모시조개 100g
물 5컵
표고버섯 2개
대파 1대
다진 마늘 1큰술
청주 1큰술
붉은 고추 1개
녹말 2큰술
물 2큰술
참기름 1작은술
간장 1작은술
소금 · 후춧가루 약간씩

만들기

1 연두부는 사방 2cm 크기로 칼집을 넣어서 준비한다.
2 모시조개는 충분히 해감한 후 끓는 물에 넣고 끓인다. 조개가 입을 벌리면 면보에 받쳐 국물만 받아내고, 건더기는 건져둔다.
3 표고버섯은 곱게 채 썰고, 대파는 송송 썰고, 붉은 고추는 어슷하게 썰어 씨를 털어낸다.
4 녹말 2큰술에 물 2큰술을 넣고 곱게 개어 녹말물을 만든다.
5 냄비에 표고버섯과 대파, 다진 마늘, 청주, 참기름, 간장을 넣고 달달 볶다가 받아둔 조개 국물을 붓고 끓인다.
6 ⑤에 조개 건더기와 연두부를 넣는다.
7 어느 정도 국물맛이 우러나면 ④의 녹말물을 붓는다.
8 약간 걸쭉한 상태로 한소끔 끓인 뒤 소금과 후춧가루, 붉은 고추를 넣어 간을 맞춘다.

굴 두부국

재료 굴 200g, 두부 100g, 무 150g, 실파 5줄기, 참기름 1큰술, 간장 1½큰술, 소금 · 후춧가루 약간씩, 다진 마늘 1큰술

만들기
1 굴은 옅은 소금물에 살살 흔들어 씻어 체에 밭쳐 물기를 뺀다.
2 무는 5cm 길이로 굵게 채 썰고, 두부는 사방 4cm 크기로 썬다. 실파는 송송 썬다.
3 냄비에 참기름을 두르고 채 썬 무를 볶다가 물을 넣고 끓인다. 간장, 소금, 후춧가루, 다진 마늘을 넣어 맛을 낸다.
4 ③에 ①의 굴을 넣고 두부를 넣어 끓이다가 굴이 동동 떠오르면 실파를 넣고 다시 한 번 끓인 다음 불을 끈다.

녹차 주먹초밥

일단 맛을 보면 진가를 알 수 있는 '참' 맛있는 초밥. 약간 쓴맛도 느낄 수 있고, 씹다보면 고소하고, 끝 맛은 상큼하고….

재료

밥 4공기
가루녹차 1/2큰술
잎녹차 2큰술
당근 1/2개
흑임자 1큰술
참기름 1/2큰술
깨소금 약간
식초 3큰술
설탕 3큰술
소금 1큰술

만들기

1 냄비에 식초와 설탕, 소금을 담고 약한 불에서 설탕과 소금이 녹을 정도만 저어 배합초를 만든다.

2 당근은 곱게 다져서 기름을 두른 프라이팬에 넣고 살짝 볶는다.

3 잎녹차는 끓는 물에 30분 정도 우려낸 다음 체에 밭쳐서 물기를 빼고 찬물에 1시간 정도 담가 떫은 맛을 제거한다.

4 ③을 곱게 다져서 볼에 담고 참기름과 깨소금을 넣어 무친다.

5 뜨거운 밥에 배합초를 넣고 잘 섞은 후 가루녹차를 뿌리고 잘 섞어준다.

6 ④와 ⑤를 한데 담은 다음 당근, 흑임자를 넣어 잘 섞는다.

7 ⑥을 한입 크기로 뭉친 다음 그릇에 담아낸다.

녹차 바나나 셰이크

향긋하고 달콤한 바나나와 쓴맛의 녹차가 만나 맛있는 조화를 이룬다.

재료

가루녹차 2작은술
우유 1컵
플레인요구르트 1/2컵
바나나 1개
꿀 약간
레몬즙 약간

만들기

1 바나나는 껍질을 벗기고 레몬즙을 뿌려 색이 변하는 것을 방지한다.

2 믹서에 바나나를 작게 썰어 넣고 우유와 요구르트, 가루녹차를 넣어서 잘 간다. 꿀을 넣고 섞어 마신다.

녹차 나물비빔밥

고추장이 아닌 간장 양념장에 비벼 먹는 담백한 맛의 비빔밥. 밥 보다 나물의 양을 늘려 칼로리를 줄인다.

재료

밥 4공기
숙주나물 200g
애느타리버섯 200g
청포묵 100g
잎녹차 5큰술
소금 · 참기름
깨소금 · 잣가루 약간씩

양념장
간장 3큰술
설탕 1작은술
참기름 1큰술
깨소금 1/2큰술
다진 마늘 1/2큰술
다진 파 1/2큰술

만들기

1 팔팔 끓는 물에 잎녹차 5큰술을 넣고 약 30분간 우려내어 고운 체에 밭친다.

2 ①을 찬물에 1~2시간 담가두었다가 체에 밭쳐 물기를 뺀다.

3 ②에 소금과 참기름, 깨소금, 잣가루를 넣고 살짝 버무린다.

4 애느타리버섯은 가늘게 찢은 다음 끓는 물에 살짝 데쳐 물기를 뺀 후 소금, 참기름, 깨소금을 넣고 무친다.

5 숙주나물은 깨끗하게 손질해 삶아 건져 물기를 뺀 후 소금과 참기름, 깨소금을 넣고 무친다.

6 청포묵은 적당한 굵기로 채 썬다.

7 그릇에 밥을 담고 잎녹차, 숙주나물, 청포묵, 버섯을 골고루 올린 후 양념장을 곁들여서 낸다.

레몬 녹차

재료 가루녹차 4작은술, 끓는 물 4 컵, 슬라이스한 레몬 4쪽, 꿀 · 설탕 약간씩

만들기
1 바나나는 껍질을 벗기고 레몬즙을 뿌려 색이 변하는 것을 방지한다.
2 믹서에 바나나를 작게 썰어 넣고 우유와 요구르트, 가루녹차를 넣어서 잘 간다. 꿀을 넣고 섞어 마신다.

녹차 컵케이크

오븐 없이 찜통에 쪄낸 건강 빵. 누구나 손쉽게 만들 수 있는 간단 영양식이다. 생과일주스와 곁들이면 한 끼 식사 대용으로 충분하다.

재료

달걀 1개
설탕 80g
우유 80cc
박력분 180g
식용유 1½큰술
가루녹차 1/2큰술
베이킹파우더 2작은술

만들기

1 달걀, 설탕을 그릇에 담은 뒤 크림색이 되면서 걸쭉해질 때까지 거품을 낸다.
2 ①에 우유, 식용유를 차례대로 넣고 섞는다.
3 박력분, 가루녹차, 베이킹파우더를 체에 쳐서 ②에 넣고 고루 섞는다.
4 머그컵에 버터를 얇게 펴 바른 후 반죽을 70% 정도만 채워 김이 오른 찜통에 15분 정도 찐다.

녹차우유

녹차의 쓴맛을 조절하기 위해 꿀을 사용한다. 다이어트가 염려된다면 약간 쓴맛 녹차 특유의 맛에 입맛을 길들여 보자.

재료

가루녹차 2작은술
우유 2컵
꿀 약간

만들기

1 믹서에 우유를 넣고 가루녹차를 넣어서 간다.
2 ①에 꿀을 넣고 살짝 섞어서 마신다.

생활 속에서
맑고 깨끗한
녹차 향을 즐긴다

'녹차'에 관해 얼마나 알고 계세요? 녹차는 자연이 만들어낸 인류 최고의 건강 음료라고 한다. 오랜 역사를 지닌 것만큼 녹차의 쓰임새는 아주 다양하다. 중국에서는 예부터 질병을 치료하거나 예방하는 데 사용되었다는 녹차. 요즘은 주로 어떻게 사용되고 있을까? 우리의 생활 속에서 녹차의 향긋함을 느낄 수 있는 방법을 소개한다.

첫 맛은 쌉싸래하고 끝 맛은 깔끔한 녹차에는 우리 몸에 좋은 여러 가지 성분들이 함유되어 있어 녹차 한 잔으로 가족의 건강을 돌볼 수 있다. 녹차가 지니고 있는 건강 효과를 알아보자.

충치 예방

녹차 티백을 찬물에 우려내어 얼음조각을 띄워 마신다. 졸음을 쫓아주고 머리를 맑게 해준다. 또 마음을 안정시켜주고, 수돗물의 중금속 제거와 함께 어린이의 충치 예방에 효과적이다.

입 안의 균 제거

식사 후 마시는 녹차는 구취 제거는 물론, 식사 후 진하게 우린 녹차로 입안을 헹구면 치석이 생기는 것도 억제해 준다. 치아 표면에 불소 코팅 효과를 주면서 입안의 균을 없애준다.

혈압 상승 억제

차 속의 카테킨 성분이 혈압 상승을 억제하는 효과를 가지고 있다.

식중독 예방

차의 항균 성분에 의해 살모넬라균, 장염비브리오균, 웰치균, 보툴리누스균, 포도상구균을 완전히 소멸시킬 수 있다. 여름철의 차 한 잔은 식중독을 예방하는 효과가 있다.

무좀 치료

뜨거운 물로 발을 깨끗이 씻는다. 티백이나 녹차 끓인 물을 미지근하게 식힌 후 식초를 약간 넣고(물 300ml에 식초 100ml) 발을 담그고, 우려낸 녹차 잎이나 티백으로 발가락 사이를 문지르면 녹차 성분이 피부 깊숙이 스며들어 무좀을 치료할 수 있다.

성인병 예방

살찌기 쉬운 기름지고 고열량인 요리에 가루녹차를 조금 뿌려 먹으면 느끼한 맛을 없앨 수 있다. 녹차의 지방 축적 억제 효과로 살찔 가능성이 감소되어 성인병도 예방할 수 있다.

졸음과 멀미에 효과

녹차에는 신경을 안정시켜 주는 카테킨 성분과 졸음을 쫓을 수 있는 카페인 성분이 있기 때문에 졸음이나 멀미 증상을 없애주는 효과를 볼 수 있다. 졸음이 올 때는 진하게 우려낸 차에 죽염을 조금 타서 마시면 졸음을 쫓을 수 있고, 멀미를 할 때에는 찻잎을 그대로 꼭꼭 씹어 먹은 뒤 물을 마시거나 진하게 우려낸 차에 간장을 조금 타서 마신다.

오랜만에 찾아온 귀한 손님에게 녹차를 대접해 보자. 직접 녹차 잎을 우려 정성껏 담아낸 녹차에는 그 동안의 그리움이 녹차 향과 함께 실려 있다. 녹차의 색과 향, 맛을 제대로 음미하기 위한 차 마시는 법을 익혀보자.

차 마시는 법

맛과 향이 뛰어난 차를 우리기 위해서는 질 좋은 차와 물, 다기가 필요하다. 다기는 분청 다기가 좋고, 물은 하룻밤 재운 것을 사용하면 좋다. 100℃로 끓인 물로 수구, 다관, 찻잔 순으로 헹구고 뜨거운 물을 부어 약간 데운다. 1인당 2g 안팎의 차를 60~80℃로 식힌 물로 1~3분 정도 우려서 마신다. 차의 품질과 등급, 차의 양, 물의 온도, 시간의 길고 짧음에 따라 연하거나 진하게 되는데, 마시는 사람의 취향에 따라 약간씩 차이를 두어 만들 수 있다.

적당한 양을 조절해서 마신다

마시는 양은 사람에 따라 큰 차이가 있으나, 음식이니만큼 탐하지 말고 하루에 수십 잔 마실 경우에는 묽게 해서 마시면 된다. 또 더위를 식힐 때 말고는 너무 차게(3℃) 마시지 말고, 빈속에는 다식(茶食)을 겸하는 게 좋다.

옛날의 차 보관법

차를 만드는 것도 중요하지만 차를 잘 저장하는 것 또한 손쉬운 일이 아니다. 옛날 사람들은 나무 합이나 항아리, 호리병 등에 담고 한지나 죽순 껍질로 몇 겹씩 싸기도 하고, 창포 속잎으로 차 병을 싸서 보관했다. 습도가 높을 때나 장마철에는 내부에 잘 피운 화로 등으로 습기를 쫓고 공기가 따뜻하도록 했다. 그렇게 하고도 마음이 놓이지 않을 때는 차를 꺼내어 약한 불에 볶기도 했다.

한 번 넣은 차는 여러 번 우려 마신다

차를 권하는 방법은, 우려낸 차를 우측 잔에서부터 좌측으로 세 번 반복해서 돌아 잔이 차도록 하여 맨 우측 잔의 연한 것은 우리 사람이, 좌측으로 갈수록 연장자나 귀한 손님에게 드린다. 특별한 격식은 없으나 찻잔은 왼손에 받쳐 오른손으로 잡고 우려서 권하는 이에게 가볍게 목례한 뒤 색, 향, 맛을 음미한다.

토마토 참치 라이스페이퍼쌈

토마토와 참치만 있으면 다이어트 손님상을 바로 차려낼 수 있다. 만들기 쉽고 모양도 제법 폼나는 센스 만점 아이템.

재료

토마토 1개
라이스페이퍼 4장
참치 통조림 1캔
다진 양파 30g
오이피클 1개
상추 적당량
마요네즈 2큰술
소금 · 후춧가루 약간씩

만들기

1 참치는 망에 건져 기름기를 뺀다.

2 오이피클은 길이로 4등분해서 준비한다.

3 토마토는 꼭지를 떼어내고 길이로 8등분한다.

4 볼에 참치와 다진 양파, 마요네즈를 넣고 소금과 후춧가루로 간한다.

5 라이스페이퍼는 미지근한 물에 잠깐 담가두었다가, 부드러워지면 건져서 종이타월로 수분을 제거한다.

6 라이스페이퍼를 반으로 접어서 상추를 깔고, ④를 적당량 올리고 오이피클과 토마토를 얹어서 고깔 모양으로 돌돌 말아 접시에 담아낸다.

토마토 크림수프

식빵을 구워 크루통을 만든 후 수프 위에 얹으면 속 든든한 아침 대용 수프가 완성된다.

재료

토마토홀 통조림 200g
양파 1/2개
버터 2큰술
생크림 4큰술
물 또는 육수 1½컵
소금 · 후춧가루 약간씩
크루통(식빵, 버터) 약간

만들기

1 식빵은 사방 1cm 크기로 잘라 버터나 기름에 노릇노릇하게 구워 크루통을 만든다. 양파는 곱게 다져 달군 팬에 버터를 두르고 투명해질 때까지 볶아준다.

2 ②에 토마토홀 통조림과 물을 넣고 센불에서 끓인다.

3 ③이 끓어오르면 불을 줄여 중불에서 10분간 더 끓인 다음 믹서에 넣고 곱게 간다.

4 ④를 가는 체에 걸러 씨를 제거하여 생크림을 넣고, 소금 · 후춧가루로 간을 한 후 수프 그릇에 담고 크루통을 얹어낸다.

토마토 오믈렛 피자

토마토를 도톰하게 썰어 얹는 대신 햄이나 피자치즈의 양을 조금 줄여도 좋다. 친구들과 함께하는
휴일 점심 메뉴로 제격이다.

재료

토마토 2개
슬라이스햄 4장
달걀 4개
피자치즈 80g
소금 약간
후춧가루 약간
샐러드유 약간
허브 약간

만들기

1 토마토는 꼭지를 떼어내고 얄팍한 모양이 되게 옆으로 썬 후 종이타월 위에 놓고 소금을 뿌려서 수분을 어느 정도 제거한다.

2 볼에 달걀을 넣고 잘 풀어서 소금과 후춧가루를 넣어 간한다.

3 슬라이스햄은 4등분을 하고, 피자치즈는 잘게 다져서 준비한다.

4 프라이팬에 샐러드유를 두르고 ②를 넣어서 포크로 휘저어가며 반숙 상태가 되도록 한다.

5 ④에 피자치즈를 고루 뿌린 다음 토마토와 햄을 보기 좋게 얹는다.

6 뚜껑을 덮고 약한 불에서 5분 정도 익힌 후 허브를 잘게 뜯어서 얹고, 먹기 좋게 썰어낸다.

양 배 추 러 시 안 수 프

재료 쇠고기 500g, 밀가루 2큰술, 버터 1큰술, 물 5컵, 양배춧잎 3장, 양파 · 감자 1개씩, 양송이 6개, 당근 1/2개, 토마토 1개, 셀러리 2줄기, 데친 브로콜리 100g, 적포도주 2큰술, 토마토케첩 2큰술, 월계수잎 1장, 소금 · 후춧가루 · 파슬리가루 약간씩

만들기
1 쇠고기는 사방 2cm 크기로 잘라서 소금 · 후춧가루로 간한 뒤 밀가루를 솔솔 뿌린다.
2 냄비에 버터를 두르고 녹인 후에 쇠고기를 넣고 노릇노릇하게 볶다가 적포도주를 뿌리고 케첩을 넣어 볶는다.
3 준비한 분량의 물을 넣고 월계수잎을 넣어 고기가 부드러워질 때까지 서서히 끓인다.
4 감자와 당근은 껍질을 벗겨 밤알 크기로 약간 세모꼴이 되게 썬 후에 모서리를 둥글게 다듬는다. 양송이는 반으로 가르고 양배추는 가로 세로 3cm 크기로 썰고, 양파도 같은 크기로 썬다. 셀러리는 껍질의 섬유질을 벗기고 3cm 길이로 썬다.
5 브로콜리는 한 송이씩 떼어서 끓는 물에 살짝 데쳐 찬물에 헹구고, 토마토는 열십자로 칼집을 넣어 직화로 구운 뒤에 껍질을 벗겨 4등분한다.
6 푹 끓인 ③의 국물에 ④와 ⑤를 차례대로 넣고 끓여 야채가 부드러워지면 소금, 후춧가루로 간한 뒤 그릇에 담고 파슬리 가루를 뿌려낸다.

토마토 프렌치드레싱 샐러드

프렌치드레싱만 있으면 맛있는 토마토 샐러드를 손쉽게 즐길 수 있다. 또 다른 맛의 드레싱을 준비하여 상에
내면 두 가지 맛의 샐러드를 맛볼 수 있다.

재료

토마토(작은 것) 3개
프렌치드레싱
식용유 2큰술
식초 1½큰술
다진 양파 1큰술
다진 파슬리 1작은술
소금 약간
흰 후춧가루 약간
설탕 약간

만들기

1 토마토는 꼭지 부분을 자르고 둥글게 0.3cm 두께로 썬다.

2 식용유 2큰술에 식초, 다진 양파, 다진 파슬리, 소금, 흰 후춧가루, 설탕을 고
루 섞어 프렌치드레싱을 만든다.

3 접시에 토마토를 예쁘게 담는다.

4 먹기 직전에 ②의 드레싱을 섞어 뿌린다.

바질을 얹은 토마토 샐러드

신선한 토마토의 산뜻한 맛과 바질의 향긋함이 입안 가득 ….

재료

토마토(중간 것으로
잘 익은 것) 4개
양파 1/2개
바질 2~3줄기
올리브유 1½큰술
발사믹식초 1½큰술
소금 · 후춧가루 넉넉히

만들기

1 토마토, 양파, 바질은 깨끗이 씻어 물기를 뺀다.

2 양파는 동글게 썰고, 바질은 채 썰거나 잎을 작게 뜯어 준
비한다.

3 토마토는 약 0.5cm 두께로 동그랗게 썰어 큰 접시에 담고,
소금 · 후춧가루를 뿌려 간한다.

4 양파를 ③의 토마토 위에 고루 얹고 바질을 얹는다.

5 ④에 발사믹식초를 숟가락으로 고루 뿌린 후 올리브유도
뿌려준다.

허니머스터드 요구르트딥

요구르트딥은 고기가 들어간 샐러드 요리와 특히 잘 어울린다.

재료

머스터드 1큰술
플레인요구르트 1/2컵
꿀 1½큰술
레몬즙 1작은술
소금 · 흰 후춧가루 약간씩

만들기

1 분량의 재료를 잘 섞어서 소스를 만든다.
2 소금과 후춧가루를 넣어서 간을 한다.

허니머스터드 요구르트딥은 고기가 들어 있는 샐러드에 잘 어울린다. 튀긴 닭고기를 싱싱한 야채 위에 얹어서 먹는 치킨샐러드소스로나 햄버거소스로 좋다. 닭고기를 손가락 길이로 썰어 튀겨서 이 소스에 찍어 먹어도 좋다. 또띠아에 삶은 닭가슴살과 잘게 썬 양상추를 얹고, 다진 토마토를 함께 돌돌 말아 허니머스터드 요구르트딥을 뿌려 먹으면, 패스트푸드점에서 먹는 메뉴와 같은 맛을 즐길 수 있다.

요구르트드레싱 콜리플라워샐러드

부드러운 플레인요구르트에 새콤달콤한 오렌지를 넣어 만든 요구르트드레싱을 살짝 데쳐낸 콜리플라워 위에 뿌려 먹는 다이어트 샐러드. 소금 간은 하지 않아도 상관없다.

재료

콜리플라워 150g
소금 약간
완두콩 2큰술
옥수수 통조림 1/3컵
건포도 2큰술
양상추 1/4통
플레인요구르트 1/2컵
오렌지 1/2개

만들기

1 콜리플라워는 깨끗이 씻어 작은 송이로 뗀다.
2 냄비에 물을 팔팔 끓여 소금을 약간 넣고 콜리플라워를 데친 다음, 찬물에 헹궈 차게 식혀놓는다.
3 완두콩도 끓는 물에 소금을 약간 넣고 파랗게 데친 다음, 찬물에 헹궈 차갑게 준비한다.
4 옥수수 통조림은 체에 받쳐 국물을 빼놓고, 건포도는 설탕물에 불렸다가 건진다.
5 양상추는 한 잎씩 떼어 흐르는 물에 씻고 물기를 턴 뒤 한 입 크기로 뜯어놓는다.
6 요구르트에 오렌지를 썰어 넣고 소금으로 간해서 드레싱을 만든다.
7 ②∼⑤에서 준비한 재료를 보기 좋게 담고, ⑥의 요구르트드레싱을 끼얹어 먹는다.

요구르트 프루츠 트리플

한 번 맛보면 그 맛을 쉽게 잊을 수 없는 매력적인 디저트 요리. 딸기가 제철인 계절에는 딸기잼 대신 딸기를 사용하는 것이 좋다.

재료

플레인요구르트 1컵
딸기잼 1/2컵
카스테라빵 300g
바나나 1개
키위 1개
포도 10알
귤 1개
백포도주 2큰술
레몬즙 약간

만들기

1 카스테라빵은 네모지게 2cm 크기로 썬다.

2 바나나는 껍질을 벗겨서 얄팍하게 썰고, 변색되지 않도록 레몬즙을 뿌려서 둔다.

3 키위는 껍질을 벗겨서 얄팍하게 썰고, 포도는 알알이 떼어 씻어서 껍질을 벗긴다. 귤은 껍질을 벗긴 다음 모양을 살려서 얄팍하게 썰어 준비한다.

4 유리볼에 썰어놓은 빵을 담고, 백포도주를 고루 뿌린다. 그 위에 딸기잼을 고루 얹고, 다시 바나나를 얹는다.

5 ④에 요구르트를 얹은 후 키위를 얹고, 다시 요구르트를 얹은 다음 포도와 귤을 올려서 냉장고에 차게 두었다가 먹는다.

요구르트 프렌치 드레싱

재료 플레인요구르트 1/2컵, 올리브유 1⅓컵, 설탕 2큰술, 식초 3큰술, 다진 파슬리 · 소금 · 후춧가루 약간씩

만들기
1 볼에 올리브유, 식초를 넣어서 거품기로 잘 섞는다.
2 ①에 설탕을 넣고 소금과 후춧가루를 넣어서 간한다.
3 요구르트를 넣어서 잘 섞고 다진 파슬리를 뿌린다.

요구르트 푸딩

식사 후에 가볍게 즐기는 디저트 메뉴. 바쁜 아침, 간단하게 즐기는 식사 대용으로도 그만이다. 완성된 푸딩과 제철 과일을 곁들여 먹으면 좋다.

재료

달걀 2개
우유 100㎖
생크림 50㎖
설탕 40g
플레인요구르트 50㎖
장식용 과일 약간

만들기

1 볼에 달걀을 넣어서 잘 섞는다. 이것을 체에 한 번 내린다.

2 우유는 냉장고에서 꺼내 실온에 둔다.

3 ①에 설탕을 넣고 고루 섞은 후 요구르트를 넣어서 잘 섞는다.

4 ③에 생크림을 넣고 섞은 후 우유를 넣는다.

5 틀에 버터를 얇게 바르고, ④의 반죽을 붓는다.

6 오븐 팬에 물을 붓고 ⑤를 넣어 150℃의 오븐에서 40분 정도 구워낸다.

키위 요플레소스

재료 키위 2개, 플레인요구르트 1/2컵, 꿀 1½큰술, 생크림 2큰술, 레몬즙 1/2큰술, 소금 · 후춧가루 약간씩

만들기
키위를 강판에 곱게 갈아 볼에 넣고 나머지 재료를 넣어서 잘 섞는다.

키위 요플레소스는 파스타요리에 잘 어울린다. 마카로니를 삶아 이 소스에 버무리면 아주 맛좋은 다이어트 파스타가 완성. 또 채 썬 오이와 양배추를 함께 이 소스에 버무려 먹어도 훌륭한 샐러드가 된다. 크래커처럼 단맛이 적은 비스킷에 찍어 먹도록 곁들여내도 좋고, 카나페를 만들 때 크래커에 바르는 소스로 이용해도 좋다.

02

몸이 가벼우면 마음도 즐거워진다

Lesson 2 ··· **200칼로리면 충분한**
샐러드 한 그릇

샐러드를 밥 대신 먹는다?

쇠고기를 작게 썰어 미니 스테이크를 만들어 얹고,

닭가슴살을 잘게 찢어 야채 위에 곁들이고,

크루통이나 삶아낸 해물을 소스와 함께 얹는다면,

충분히 가능하다.

건강 다이어트를 위한 샐러드를 만들어보자.

느타리버섯 샐러드

영양이 풍부한 느타리버섯을 주재료로 한 샐러드. 부족한 듯싶다면 바게트를 곁들여보자. 버섯을 볶을 때 기름 대신 달군 팬에 물을 조금 넣어 볶으면 칼로리를 줄일 수 있다.

재료

느타리버섯 400g
마늘 1~2쪽
올리브유 1스푼
버터 1스푼
레몬 1/2개
소금 · 후춧가루 약간씩
샐러드 80~100g

소스

올리브유 1스푼
발사믹 식초 1스푼
(산딸기 또는 와인식초)
소금 1/2작은술
설탕 1작은술
양파 기호대로
다진 양념 약간
(파슬리 · 딜 · 영양부추
다진 것 각각 1작은술
또는 약간씩)
후춧가루 약간

만들기

1 샐러드는 준비한 재료를 깨끗하게 씻어 물기를 털어 준비하고, 먹기 좋게 썰거나 손으로 뜯어 놓는다.

2 그릇에 준비한 분량의 재료를 넣어 골고루 섞어 소스를 만든다.

3 느타리버섯은 젖은 가제나 솔로 깨끗하게 닦아 준비하고, 마늘은 얇게 저며 썬다.

4 프라이팬에 올리브유와 버터를 넣어 녹인 뒤 센불에서 버섯을 적당히 볶다가 얇게 저며놓은 마늘과 소금, 후춧가루를 넣어 간을 맞추고, 레몬즙을 뿌린다.

5 ①의 샐러드에 완성된 소스를 섞어 접시에 보기좋게 담은 다음 버섯 볶은 것을 골고루 얹는다.

바게트, 토스트 식빵 구운 것, 또는 다른 빵을 곁들여 먹는다. 영양이 풍부한 느타리버섯을 주재료로 한 느타리버섯 샐러드는 간단한 한 끼 식사 대용으로 부족함이 없다.

다른 방법 | 버섯 대신 오리 가슴살을 준비한다

1 샐러드는 준비한 재료를 깨끗하게 씻어 물기를 털어 준비하고, 먹기 좋게 썰거나 손으로 뜯어 놓는다.
2 그릇에 준비한 분량의 재료를 넣어 골고루 섞어 소스를 만든다.
3 오리 가슴살 비계에 붙어 있는 털을 부엌용 핀셋으로 빼어 손질한 후, 소금과 후춧가루를 뿌려 밑간한다. 또는 고기를 구운 후 소금과 후춧가루를 뿌린다.
4 팬을 뜨겁게 달군 후 중불에서 ③의 오리고기를 지진다. 먼저 비계 부분을 바닥에 놓고 지진다. (올리브유 1스푼 또는 비계 자체에 기름이 많기 때문에 기름은 따로 넣지 않아도 된다).
5 비계가 갈색이 될 때까지 지진 다음 뒤집어 지진다(자꾸 뒤집으면 고기 맛이 떨어진다). 완전히 익히는 것보다 중간에 연분홍색이 나는 약간 덜 익은 상태가 고기 맛이 좋고 부드럽다. 75℃ 예열된 오븐에 약 10분 정도 놔두면 더 맛있다.
6 샐러드에 소스를 섞어 접시에 보기좋게 얹는다.
7 다 익힌 고기를 한 입 크기로 썰어서 준비해 놓은 샐러드 위에 얹는다.

양송이버섯 샐러드

호두를 볶아 다져 넣어 만든 양송이버섯 샐러드는 씹히는 고소한 맛이 일품이다. 땅콩 등 견과류를 함께 넣어도 좋다. 칼로리가 염려된다면 파르메산 치즈는 넣지 않아도 좋다.

재료

양송이 350g
여러가지 샐러드 175g
(그린 샐러드, 시금치 등)
소금 · 후춧가루 약간씩
호두 50g
파르메산 치즈 50g

소스

레몬즙 2스푼
올리브유 8스푼
(또는 땅콩기름 5스푼,
호두기름 3스푼을
사용해도 좋다)
양겨자 1작은술
파슬리 약간
달걀 노른자 2개
설탕 (또는 꿀) 1작은술

만들기

1 준비한 모든 야채는 깨끗하게 손질하여 씻은 뒤 물기를 말끔히 걷어놓는다.

2 호두는 팬에 기름을 두르지 않은 상태에서 알맞게 볶은 뒤 다져놓는다.

3 파르메산 치즈는 강판에 곱게 갈아 준비한다.

4 양송이는 씻지 말고 거꾸로 들어서 칼로 껍질을 벗기고, 기둥 끝을 잘라낸 다음 돌려가며 긁어준다. 통째로 얇게 썬다.

5 그릇에 준비한 분량의 재료를 모두 넣어 골고루 섞어서 소스를 만든다.

6 커다란 볼에 준비한 재료를 한데 넣고, ⑤의 소스를 부어 골고루 섞어 양송이 샐러드를 완성한다.

cooking point
후추나 너트맥 같은 열매를 사용할 때는 갈아놓은 것을 사는 것보다 통째로 사서 갈아 먹는 것이 훨씬 맛있다.

모듬 샐러드

냉장고 정리하는 날, 보관된 모든 야채를 손질하여 준비하고, 분량의 재료를 모두 섞어 맛있는 소스를 만든다. 허브는 있는 것을 주로 사용하여 평소 즐기는 맛으로 요리를 완성한다.

재료

엔다이브
계절 야채
치커리
오이
애호박 (또는 주키니)
콘샐러드
피망
루쿨라
레몬밤 적당량
배추 약간
※ 나스터츔
(이파리와 꽃에 비타민 C가 많다)
또는 금잔화 꽃으로
장식해 놓으면 예쁘다.

소스

발사믹 식초 1스푼
올리브유 1스푼
설탕 (또는 꿀) 1작은술
소금 1/2작은술
양파(많이 넣으면
더 맛있다) 1/4~1/2개
후춧가루 넉넉히

다진 양념

(파슬리 · 실파 파란 부분
또는 영양부추 · 딜)
각각 1작은술 또는 약간씩

만들기

1 준비한 모든 야채는 손질하여 깨끗이 씻어 물기를 충분히 뺀 후 먹기 좋은 크기로 썰거나 손으로 찢어 준비한다.

2 양파는 껍질을 벗겨 결 반대 방향으로 사각썰기한다.

3 그릇에 분량의 재료를 넣고 고루 섞어 소스를 만든다.

4 커다란 볼에 준비한 샐러드를 모두 섞은 후 완성된 ③의 소스를 섞어 접시에 담아낸다.

cooking point

루쿨라는 다년생으로 손이 안 가고 잘 자라나는 것이므로 집에 정원이 있다면 손쉽게 키울 수 있다. 맛이 좋아 유럽에선 고급 샐러드 재료로 친다. 모든 샐러드에 조금씩 넣어도 맛있고, 루쿨라 한 가지만 준비하여 발사믹 식초로 소스를 만들어 버무린 후 그 위에 파르메산 치즈를 얇게 종이처럼 썰어서 위에 얹어 먹어도 맛있다(전채요리로 좋다). 루쿨라 샐러드는 고급 음식점의 전채요리로도 많이 쓰인다. 우리나라 식으로 간장, 식초, 파, 마늘, 고춧가루, 참기름, 깨소금을 넣어 무치면 정말 맛있다. 간장 : 식초(또는 레몬즙) = 2:1(밥수저 사용), 파 : 깨소금 = 2:1(밥수저 사용), 마늘 1/2스푼, 고춧가루 1작은술, 참기름 1/2작은술.

헤드뷕 샐러드

바게트나 다른 음식과 곁들여 먹어도 맛있다. 많은 양을 준비할 때는 소스와 샐러드를 따로 준비하여 각자 덜어 먹도록 한다.

재료

배추 적당량
양상추 적당량
모든 야채 적당량

소스

올리브유 2스푼
백포도주 식초 1스푼
꿀 (또는 설탕) 1작은술
소금 1/2작은술
우스터소스 2~3방울
다진 양파와 마늘 넉넉히
후춧가루 넉넉히(기호에 따라)
양겨자 1작은술

만들기

1 그릇에 준비한 분량의 소스 재료를 섞어 핸드믹서나 손거품기를 사용하여 소스를 만든다 (이렇게 해야 소스가 걸쭉해진다).

2 준비한 야채는 물에 깨끗하게 씻은 뒤 먹기 좋은 크기로 썰어놓는다.

3 샐러드를 상에 낼 때는 먹기 직전에 소스와 섞어 그릇에 담아낸다.

cooking point

샐러드를 처음 만들 때는 샐러드 소스를 따로 만들어서 샐러드의 맛을 보면서 섞는다. 샐러드 만들기에 익숙해졌을 때는 버무릴 그릇에 소스를 만들어 놓고, 물기를 충분히 뺀 샐러드를 먹기 좋은 크기로 썰거나 뜯어서 소스 위에 얹어놓았다가 먹기 직전에 섞으면 편리하다. 그리고 식초, 설탕, 소금, 후춧가루, 모든 다진 양념을 섞은 다음 설탕을 사용하는 경우에는 설탕이 어느정도 녹았을 때 마지막으로 올리브유를 넣어 섞는다. 설탕보다는 꿀이나 아혼시럽을 사용하면 더 맛있다. 대부분의 소스는 먹기 직전에 섞는다(미리 섞어놓으면 소스가 묽어져 맛이 없다).

GINGER ICE CREAM
5 egg yolks
light brown sugar
500 ml milk
ginger, chopped
syrup

방울토마토를 얹은 감자 샐러드

새콤달콤한 오이피클과 감자의 고소한 맛이 조화를 이룬다. 소금에 절인 생오이를 대신 넣으면 씹히는 맛이 피클과는 다르며, 산뜻한 맛을 즐길 수 있다.

재료

감자(단단하고
물기가 적은 것) 750g
물 250㎖ (1/4ℓ)
소금 적당량
양파 (작은 것) 1개
오이피클
(없으면 소금에 절였다
꼭 짠 오이) 1개
방울 토마토 적당량
(식용유 3스푼, 식초 5스푼
기호에 따라 넣는다)
후춧가루 넉넉히
다진 양념 약간
(파슬리, 딜, 영양부추
없으면 실파의 파란부분)

만들기

1 깨끗하게 씻어서 껍질째로 준비한 감자는 냄비에 살짝 잠길 정도로 물을 붓고 소금을 1작은술 넣어 삶는다.

2 젓가락으로 찔러보아 감자가 완전히 익으면 물을 버리고 물기를 완전히 없앤 후 미지근할 때 껍질을 벗긴다.

3 껍질을 벗긴 감자는 도마 위에 얹어 썰기보다는 손에 쥔 채로 얇게 썰어 오목한 그릇에 담아놓는다(얇을수록 맛있다).

4 250㎖ (1/4ℓ)의 끓는 물에 소금을 넣고 잘 풀어준 다음 감자 위에 끼얹어 약 10분 정도 놓아두었다가 남은 국물을 따라버린다.

5 양파는 껍질을 벗겨 작게 네모썰기를 하고 오이는 납작하게 썰어 감자에 넣는다.

6 식용유와 식초 그리고 소금과 후춧가루를 알맞게 섞어 소스를 만든 다음 감자와 양파, 오이에 넣어 다시 한번 골고루 섞어준다. 준비한 다진 양념을 함께 넣어 간을 맞추고, 간이 맞지 않을 때는 식초와 소금으로 조절한다.

7 오목한 유리볼이나 접시를 준비하여 ⑥의 완성된 감자 샐러드를 담은 다음, 방울토마토를 반 또는 4등분하여 장식한다.

cooking point

뜨거운 기운이 남아 있는 감자의 껍질을 벗길 때는 감자를 포크로 찔러 왼손에 둘고 작은 칼을 이용하여 껍질을 벗기면 편리하다.

허브와 크루통을 넣은 샐러드

깨끗이 손질한 허브에 식빵을 이용하여 만든 크루통을 얹고, 겨자를 넣어 만든 매콤한 맛의 소스를 끼얹어 먹는 허브 향이 특별한 샐러드.

재료

샐러드 100g
루쿨라 50g
라디시오 잎사귀 약간
실파 파란부분 3~4개
(또는 영양부추)
바질 4~5줄기

소스

발사믹 식초 2스푼
소금 약간
올리브유 4스푼
양겨자(칼끝으로) 약간
후춧가루 넉넉히

크루통 재료

토스트 빵 2개
마늘 1쪽
올리브유 1스푼

만들기

1 샐러드는 준비한 재료를 깨끗하게 씻어 물기를 없앤 후 손으로 먹기 좋게 뜯거나 썰어 준비한다.

2 영양부추 또는 실파는 다지고, 바질은 줄기째로 씻어 물기를 뺀 후 잎사귀를 따서 샐러드에 넣는다.

3 그릇에 식초, 소금, 후춧가루, 양겨자를 넣어 잘 섞은 다음 올리브유 4스푼을 넣고 다시 한번 잘 섞는다.

4 샐러드에 소스를 잘 섞은 다음 접시에 담고 크루통을 얹어 먹는다.

cooking point

파슬리에는 2가지 종류가 있다. 우리가 일상적으로 많이 사용하는 장식용 파슬리와 이탈리아 파슬리가 있다. 여기서 쓰이는 파슬리는 대부분 이탈리아 파슬리인데, 이것이 없을 경우에는 장식용 파슬리를 사용한다. 파슬리, 딜, 영양부추 등을 씻어 물기를 충분히 뺀 후 잘 다져서 냉동고에 넣어두었다가 스푼으로 꺼내 쓰면 편리하다. 파슬리와 딜은 잘게 다질수록 향이 많다.

크루통 만들기

1 토스트 빵은 가로 세로 1cm 크기로 썰고, 마늘은 껍질을 벗겨 다진다.
2 팬을 달구어 나머지 올리브유 1스푼을 두른 뒤 빵을 넣어 갈색이 나도록 구운 다음, 다진 마늘을 넣고 골고루 섞는다. 이때 중간불에서 조리한다.

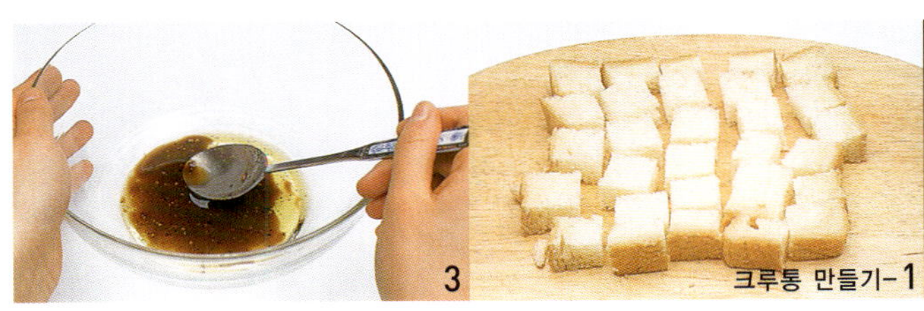

3　크루통 만들기-1

크루통 만들기-2　4

토마토 모차렐라 치즈 샐러드

간이 되어 있지 않은 모차렐라 치즈와 토마토를 한 입에 넣어 먹는 색다른 맛의 샐러드. 소금 간을 할 때 조금씩 먹어가며 조절한다.

재료

모차렐라 치즈 1개 (125g)
토마토 (중간 크기) 2개
양파 1/2~1개
소금 · 후춧가루 넉넉하게
바질 8~10장
(장식용으로 1~2개
남겨두고,
나머지는 채 썬다.
넉넉히 넣으면 맛있다)
올리브유 2스푼
발사믹 식초 2스푼

만들기

1 모차렐라 치즈는 키친타월로 물기를 말끔히 닦아낸 뒤 통째로 얇게(약 0.5㎝ 두께) 썬 다음 소금과 후춧가루를 앞뒤로 뿌려준다.

2 토마토도 물에 깨끗하게 씻은 뒤 통으로 납작하게 썰고(약 0.5㎝ 두께), 소금과 후춧가루를 뿌려 가볍게 밑간한다. 양파는 껍질을 벗겨 결의 반대 방향으로 얇게 썰어 준비한다.

3 접시에 토마토와 모차렐라 치즈를 보기좋게 겹쳐서 놓는다. 양파를 위에 얹은 다음 바질 잎사귀는 채로 썰어 골고루 뿌려준다.

4 준비한 식초는 숟가락으로 ③의 위에 골고루 뿌려준다. 올리브유도 식초와 마찬가지로 골고루 뿌려준다.

5 마지막으로 남겨놓은 바질을 위에 장식한다.

cooking point

모차렐라 치즈는 자체에 간이 되어 있지 않으므로 조리 중 소금을 많이 치도록 한다. 발사믹 식초 역시 다른 식초에 비해 시지 않기 때문에 여유 있게 넣으면 맛있다. 올리브유를 살 때 주의할 점은 차가운 상태에서 짠 기름인가를 확인하고 제조일자를 확인하는 것. 그리고 이미 뚜껑을 딴 것은 아무리 비싼 것이라도 아끼지 말고 빨리 사용해야 버리는 사태를 방지할 수 있다. 우리나라 사람들은 올리브유에서 이상한 냄새가 난다고들 하는데, 그 냄새는 오래돼서 기름이 찌든 냄새이다. 직사광선을 피하고 서늘하고 어두운 곳에 보관한다.

...lümchen, Ringelblumen oder
...rblüten sind ein Genuß, weil sie nicht nur
zusehen sind, sondern auch
Salate und Getränke verfeinern.
Appetitanreger
...N & FRÜCHTE
...DER SINN...

베이컨 샐러드

잘게 썬 베이컨에 간이 되어 있으므로 별도의 소금 간을 삼가도록 한다. 베이컨의 풍미와 준비한 야채의 향이 어우러진, 맛과 향이 특히 뛰어난 샐러드.

재료

비타민 샐러드와
그린 샐러드 150g
베이컨 4장
달걀 1개
양파(중간 것) 1개

소스

올리브유
(또는 호두기름) 2스푼
발사믹 식초 4스푼
케이퍼 1스푼
후춧가루 적당량

만들기

1 달걀은 완숙으로 삶아 껍질을 벗겨 잘게 다져놓는다.

2 샐러드는 재료를 깨끗하게 씻어서 물기를 뺀 후 먹기 좋은 크기로 썰거나 손으로 찢어 접시에 준비해 놓는다.

3 베이컨은 잘게 썰어 센불에서 볶다가 다진 양파를 넣고 중불로 내려 볶는다.

4 ③에 식초와 케이퍼를 넣고 올리브유, 후춧가루를 넉넉히 넣어 볶는다. 후춧가루를 많이 넣어야 맛이 좋다.

5 뜨거운 ④를 샐러드 위에 골고루 뿌린 다음 다진 달걀을 얹어 완성한다.

달걀 대신 양송이를 얇게 썰어 얹어도 좋다. 바게트 또는 토스트 식빵과 함께 먹는다. 전채요리 또는 간단한 한 끼 식사로 좋다.

cooking point

샐러드 양을 사정상 g으로 쓰기는 했지만 누가 부엌에서 샐러드 g까지 재어가며 만들겠는가? 케이크 반죽하는 큰 그릇을 기준으로 하여 2/3 정도 만들면 양이 많은 2인분이 된다. 샐러드 재료는 시중에 나와 있는 거의 모든 야채를 사용할 수 있다. 여러가지 맛이 다른 샐러드를 보기 좋게 섞어서 사용하면 좋고, 우리나라에서는 애호박, 주키니, 시금치, 양송이 등을 생으로 즐기지 않지만 얇게 썰어 샐러드에 넣어 먹으면 또다른 맛을 느낄 수 있다. 또는 나스터튬(잎사귀와 꽃에 비타민 C가 많다), 금잔화 등으로도 장식해 놓으면 식탁 분위기를 풍성하게 연출할 수 있을 뿐 아니라 맛도 좋다.

국수 샐러드

파스타(국수)는 물을 충분히 붓고 삶아내야 한다. 이때 소금도 약간 넣는다. 한 끼 식사 대용으로 충분한 칼로리와 영양분을 지닌다.

재료

국수(이탈리아 국수 펜네,
밴드 또는 푸실리) 200g
삶은 달걀 2개
홍피망
브로콜리 450g

소스

마요네즈 200g
요구르트 200g
레몬즙 1스푼
소금 1/2작은술
설탕 1/2작은술
흰 후춧가루 넉넉히

만들기

1 큰 냄비에 물을 충분히 부은 다음 끓어오르면, 소금을 1~2스푼 정도 넣고 준비한 국수를 넣어 뚜껑을 연 채로 삶는다. 이때 구입한 국수 포장지에 씌어 있는 삶는 시간을 참고한다. 기호에 따라 올리브유를 넣고 삶기도 하지만 담백한 맛을 즐기고 싶을 때는 소금물만 사용한다(면발이나 쓰인 재료에 따라 조금씩 차이가 있을 수 있기 때문이다). 알 당테(al dente) 상태에 이르도록 끓인다.

2 다 삶아진 국수는 그대로 체에 밭쳐 물기를 빼놓는다. 우리나라 국수처럼 찬물에 헹구지 않도록 주의한다.

3 냄비에 물을 자작하게 붓고 소금을 약간 넣은 뒤 손질한 브로콜리를 넣어 약 5~10분간 삶는다. 브로콜리는 너무 익히지 말고, 적당히 익히도록 한다(씹히는 맛이 있어야 한다).

4 홍피망은 반으로 갈라 속씨를 빼내고 속심도 말끔히 없앤 뒤 얇게 채 썬다.

5 달걀은 완숙으로 삶아서 적당한 크기로 썰어놓는다.

6 소스는 분량의 재료를 고루 섞어 완성한다.

7 유리볼에 준비한 국수와 브로콜리, 홍피망을 담은 뒤 소스를 부어 섞는다.

8 뚜껑을 덮고 약 30분간 놓아둔다. 먹기 직전에 맛을 보고 소금으로 간한다.

cooking point

브로콜리를 너무 오래 익혀 흐물거릴 경우 모든 야채는 약간 씹히는 맛이 있게 삶아야 제맛이 난다. 너무 오래 익혀 씹히는 맛이 없을 경우에는 버리지 말고 수프에 넣어 요리해 보자. 냄비에 버터를 약간 넣고 사각으로 썬 양파를 적당히 볶은 후 물을 붓고 브로콜리, 소금, 다시다를 넣고 잠깐 끓인 다음 핸드믹서로 골고루 간다. 후춧가루와 생크림을 넣는다. 셀러리가 있는 경우 함께 넣고 끓여도 맛있다.

그린 샐러드

양상추, 오이, 셀러리, 치커리, 피망 등 온갖 푸른 야채를 모아 비타민 가득한 그린 샐러드를 만들어보자. 크림
소스를 곁들여 부드러운 맛을 더해준다.

재료

양상추 2장
비타민 30g
크레송   **크림소스**
오이 1/2개   크림 2큰술
셀러리 1/2줄기   기름 1½큰술
치커리 30g   양파즙 1/2큰술
피망 1/2개   파슬리 다진 것 1작은술
양파   소금
방울토마토 약간   흰 후춧가루

만들기

1 양상추는 먹기 좋은 크기로 자른 후 물기를 뺀다.

2 비타민과 크레송은 물기를 빼고 치커리는 먹기 좋은 크기로 자른다.

3 오이와 손질한 셀러리는 길이 5cm 크기로 자른다.

4 피망과 양파는 링 모양으로 썰고 방울토마토는 반으로 자른다.

5 기름, 식초를 섞고 크림을 넣은 다음 양파즙과 그 밖의 소스 재료를 넣고 고루 섞어 크림소스를 만든다.

6 그릇에 모든 야채를 담고 크림소스를 뿌린다.

감 자 샐 러 드

재료 달걀 2개, 감자 1개, 양파 30g, 당근 30g, 토마토 1개, 마요네즈 2큰술, 양겨자 2작은술, 소금 약간, 흰 후춧가루 약간

만들기

1 달걀은 찬물에서부터 약 15분간 완숙으로 삶아 껍질을 벗기고 커터기로 자른다.

2 감자는 껍질을 벗긴 후 한 입 크기로 썰어 물에 헹궈 찬물에 넣고 삶는다.

3 토마토도 한 입 크기로 썬다.

4 양파는 곱게 채썰어 가제에 싸서 흐르는 물에 헹궈 매운맛을 없애고, 당근은 납작하게 썰어 데친다.

5 감자가 익으면 뜨거울 때 프렌치드레싱을 끼얹어 속까지 맛이 배게 한다.

6 ⑤의 감자에 양파, 당근을 섞어 마요네즈와 양겨자를 넣고 고루 버무린다.

7 접시에 달걀과 토마토, ⑥의 샐러드를 담아낸다.

해초 샐러드

미네랄이 풍부한 해초류는 칼로리가 적어 다이어트 식품으로 인기가 높다. 깨 소스를 곁들이면 고소한 맛을 더한다.

재료

해초류(붉은 해초,
푸른 해초) 150g
불린 미역 100g
다시마 국물 1/2컵
무순
통깨 3큰술
소금
간장 1/2큰술
설탕 1/2큰술
식초 1큰술
무 60g
레몬 1/4쪽

만들기

1 미역은 20분 정도 물에 불려 살짝 데친 후, 색깔을 곱게 하여 찬물에 헹군다. 단단한 기둥 부분은 떼어내고 먹기 알맞은 크기로 자른다.

2 소금에 절인 다른 해초들을 물에 담가 소금기가 약간 남을 정도로 해서 건져 적당한 크기로 썬다.

3 다시마 국물에 소금, 간장, 설탕, 식초를 합하여 섞는다.

4 깨에 ③을 부어가며 곱게 갈아 깨 소스를 만든다.

5 그릇에 해초와 곱게 채 썬 무, 미역을 담는다. 무순과 레몬을 곁들인 다음 깨 소스를 담아낸다.

두부 샐러드

재료 두부 1/2모, 소금, 오이 1/2개
양념장 간장 1큰술, 식초 1큰술, 다진 마늘 1작은술, 레몬즙 1작은술

만들기
1 두부는 소금을 넣고 데쳐낸 후 냉수에 담갔다가 건져서 식힌 다음 4cm 길이의 나무젓가락 굵기 정도로 썬다.
2 양상추는 곱게 채 썰어 냉수에 담가둔다.
3 오이는 가늘게 채 썰어 준비한다.
4 분량의 재료를 알맞게 넣어 섞어서 양념장을 만든다.
5 그릇에 두부, 오이, 양상추를 담고 양념장을 만들어 끼얹는다.

쇠고기
샤브 샐러드

야채는 가늘게 채 썰고, 쇠고기는 살짝
데쳐 기름기를 거둔 후 참깨 소스에 담가
먹는다. 담백한 맛이 일품이다.

만들기

1 쇠고기는 기름기가 적은 부위를 선택해 얇게 저며
서 썬다. 끓는 물에 데친 후 냉수에 헹군다.

2 오이, 셀러리, 무는 채 썰고, 무순은 깨끗이 씻어 냉
수에 담갔다가 물기를 뺀다.

3 대파는 채 썬 후 찬물에 담가 매운기를 뺀다.

4 접시에 야채를 깔고 익은 고기를 얹는다.

5 참깨소스에 야채와 고기를 담가 먹는다.

재료

쇠고기 샤브샤브용 100g
오이 1/2개
셀러리 1/2줄기
무순 약간
무 50g
방울토마토 4개
대파(흰 부분) 8cm

참깨 소스

참깨 2큰술
간장 1큰술
설탕 1작은술
양겨자 1/2작은술
식초 2큰술
다시마 국물 2큰술

타코 샐러드

보기에 좋은 음식이 맛도 좋다! 모처럼
친구들 모임이 있다면 타코 샐러드를 준비해
보자. 보기엔 폼나고, 만들기는 어렵지 않아
초보자도 쉽게 도전해 볼 만하다.

재료

다진 쇠고기 250g
양파 1/2개
매운 고춧가루 1/2작은술
나초소스 1/2컵
타코 껍질 6개
양상추 6장
다진 마늘 1큰술
토마토 1개
크레송 약간
소금 약간
후춧가루 약간

만들기

1 양상추는 곱게 채 썰어 찬물에 담가두고, 토마토는 잘게 썬다.

2 팬에 기름을 두르고 달구어지면, 다진 마늘을 넣어 향을 낸 뒤 다진 쇠고기를 넣는다.

3 고기가 어느 정도 익으면 양파를 다져 넣고 나초소스를 넣어 조려 고기소스를 만든다.

4 ③이 다 조려지면 소금, 후춧가루로 간하고 한 김 식힌다.

5 타코 속에 고기소스를 적당량 넣고 채 썬 양상추와 토마토를 듬뿍 채워 넣은 후 크레송
을 살짝 끼워 장식한다.

새콤달콤한
소스로
요리의
참맛 즐기기

향신료나 조미료는 재료의 독특한 맛을 잃지 않도록 적은 양만 사용한다.
재료의 맛을 한결 더 부드럽고 깊게 해주는 겨자와 마요네즈, 마늘, 간장
등 쉽게 구할 수 있는 재료로 다양한 맛의 소스를 만들어보자. 같은 재료
로 전혀 다른 맛을 느낄 수 있는 화려한 소스의 세계로 떠나보자.

겨자 마요네즈소스

재료

마요네즈 5큰술, 양겨자 1큰술, 백포도주식초 2큰술, 설탕 2큰술

만들기

1 마요네즈에 양겨자를 넣고 고루 섞이게 저어준다.

2 백포도주식초와 설탕을 분량대로 넣고 끓여 식힌다.

3 ②를 ①에 부어 겨자마요네즈소스를 완성한다.

된장소스

재료

일본된장 3큰술, 토마토케첩 2큰술, 간장 2작은술, 물 1큰술, 고추장 1작은술, 술 1큰술

만들기

1 일본된장과 고추장을 분량대로 오목한 그릇에 넣는다.

2 토마토케첩, 간장, 물을 넣고 마지막으로 술을 1큰술 넣는다.

3 고루 저어 소스 재료가 잘 섞이도록 한다.

마늘소스

재료

마늘 2쪽, 설탕 1½큰술, 식초 2큰술, 소금 약간, 간장 1/2큰술, 레몬즙 약간, 참기름 1작은술

만들기

1 마늘은 곱게 다져 준비한다.

2 설탕이나 나머지 재료를 분량대로 넣어 고루 섞는다.

3 레몬즙을 넣고 저어 마무리한다.

올리브소스

재료

발사믹 식초 2큰술, 소금 약간, 올리브유 4큰술, 양겨자 약간, 후춧가루 넉넉히

만들기

1 그릇에 식초, 소금, 양겨자를 넣고 잘 섞는다.

2 ①에 후춧가루를 넉넉히 뿌려준다.

3 마지막으로 올리브유 4큰술을 넣고 다시 한 번 잘 섞는다.

간장소스

재료

간장 2큰술, 식초 약간, 레몬즙 1큰술씩 설탕 1작은술, 잣가루 1큰술

만들기

1 간장과 식초, 설탕을 분량대로 먼저 섞는다.

2 잣가루를 넣고 부드럽게 저어준다.

3 마지막으로 레몬즙을 넣어 간장소스를 완성한다.

참깨소스

재료

참깨 2큰술, 간장 1큰술, 설탕 1작은술, 양겨자 1/2작은술, 식초 2큰술, 다시마 국물 2큰술

만들기

1 참깨는 분마기에 넣고 곱게 갈아 오목한 그릇에 담는다.

2 ①에 간장, 설탕, 겨자, 식초를 분량에 맞게 넣어 섞는다.

3 다시마 국물에 조금씩 부어가며 저어준다.

03

몸이 먼저 알아보는 가벼운 식단

Lesson 3 ··· 밥 대신 먹는

속 든든한 간단요리

다이어트를 계획할 때 가장 두려운 것은 먹고 싶은

것을 못 먹는 일. 바쁘게 돌아치는 일상 속에서

먹지 못하는 스트레스까지 얹고 살아야 한다는 건

'고통' 그 자체이다. 먹으면서 하는 다이어트.

듣기만 해도 가슴 설레는 말이다. 고단백 저칼로리

다이어트 요리를 만나보자.

참기름소스 닭고기무침

기름기 없는 담백한 닭고기 가슴살을 고소한 참기름소스에 무쳐 한 끼 식사 대용으로 준비해 보자. 소금 간은 가능한 줄이도록 한다.

재료

닭고기 가슴살 300g
무 100g
참나물 30g

참기름소스
소금 1큰술
후춧가루 1작은술
참기름 3큰술

닭고기 양념
소금 · 후춧가루 약간씩
청주 2큰술

만들기

1 닭고기는 내열용기에 담고 소금, 후춧가루, 청주를 넣어서 밑간을 해둔다.

2 ①에 랩을 씌워서 전자레인지에 넣고 5분 정도 익힌다.

3 ②의 닭고기가 식으면 잘게 찢는다.

4 무는 채 썰어서 준비하고 참나물은 3cm 길이로 썬다.

5 소스 재료를 잘 섞어서 참기름소스를 만든다.

6 볼에 무와 참나물을 담고 ⑤의 참기름소스를 1/2 정도 넣어서 무친다.

7 ③의 닭고기에 남은 소스를 넣어서 무친다.

8 그릇에 야채 무친 것을 담고 위에 닭고기 무친 것을 얹어서 낸다.

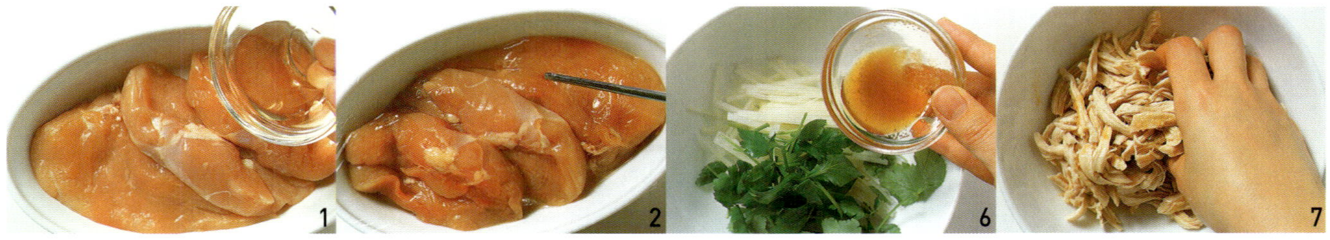

cooking point

닭고기 가슴살은 기름기가 적어서 다른 부위보다 칼로리가 낮다. 고기를 적게 하고 야채를 많이 넣으면 더욱 낮은 칼로리의 음식을 만들 수 있다. 소스로 참기름만 넣어도 담백한 요리를 만들 수 있고, 자극적이지 않아 가족 건강식으로 식탁에 올려도 좋다.

콩오믈렛

콩을 불린 후 소금을 조금 넣고 삶아내어 닭고기 다진 것과 스크램블하듯 잘 섞어가며 익힌 요리. 담백한 맛이 일품.

재료

양파 1/2개
닭고기 다진 것 100g
불린 콩 100g
달걀 3개
소금 약간
후춧가루 약간
샐러드유 약간
칠리소스 약간
핫소스 약간

만들기

1 양파는 채를 썰어서 준비한다. 달걀은 잘 풀어서 소금과 후춧가루를 뿌려서 밑간한다.

2 다진 닭고기는 소금과 후춧가루를 뿌려 밑간한다.

3 불린 콩은 깨끗하게 씻어서 냄비에 담고, 물을 부은 후 소금을 약간 넣고 삶아서 건진다.

4 프라이팬에 기름을 두르고 ②의 닭고기 다진 것을 넣어서 볶다가 양파를 넣어서 잘 볶는다.

5 ④에 콩 삶은 것을 넣고 다시 볶다가 달걀 푼 것을 넣고 스크램블하듯이 잘 섞어가면서 익힌다.

6 ⑤가 반정도 익으면 나무주걱으로 윗면을 평평히 만들면서 불을 줄여 3분 정도 속까지 익도록 한다. 밑면이 노릇하게 익으면 뒤집어서 구워낸다.

7 그릇에 담고 칠리소스와 핫소스를 뿌려서 먹는다.

표고버섯 곤약밥

대표적인 다이어트 식품 곤약. 밥의 양은 줄이고 곤약은 넉넉하게 넣으면
속은 든든하고 칼로리는 낮추는 이중 효과를 얻을 수 있다.

재료

쌀 3컵
애느타리버섯 50g
표고버섯 6개
곤약 100g
멸치 맛국물 4컵
청주 2큰술
맛술 1큰술
간장 1큰술
소금 1½작은술
참나물 약간

만들기

1 쌀은 씻어서 불려둔다.

2 애느타리버섯은 가닥가닥 뜯어서 준비하고, 표고버섯은 기둥을 떼어
내고 얄팍하게 썬다.

3 곤약은 끓는 물에 데쳐서 찬물에 헹궈 물기를 뺀 후 3cm 길이로 채를
썬다.

4 참나물을 3cm 길이로 잘라둔다.

5 멸치 맛국물에 청주, 간장, 맛술, 소금을 넣어서 잘 섞는다.

6 냄비에 쌀을 넣고 ⑤의 멸치 맛국물을 부은 다음, 위의 버섯과 곤약 썬
것을 올린다.

7 불에 올려서 밥을 짓는다.

8 밥을 푸기 전에 참나물을 얹고, 아래위로 잘 뒤섞어서 그릇에 담아낸다.

cooking point

쌀의 양을 줄이고 보리나 현미를 섞어서 밥을 지으면 칼로리를 많이 줄일
수 있다. 또 버섯과 곤약의 양을 늘리면 칼로리가 낮아진다. 칼로리가 거의
없는 곤약은 다이어트 식품으로 유명하다. 적당한 맛을 가미하면 포만감과
함께 맛도 즐길 수 있다.

두부 뫼니에르

큼직하고 도톰하게 썬 두부를 달군 팬에 살짝 익힌 후, 야채를 넣어 함께 굽다가 백포도주와 약간의 소금으로 간을 한다.

재료

두부 2모
쥬키니 1개
트마토 1개
다진 파슬리 1큰술
백포도주 1/4큰술
스금 · 후춧가루 약간씩
밀가루 3큰술
샐러드유 약간
버터 1큰술

만들기

1 두부는 면보에 싸서 도마로 눌러두었다가 2cm 두께로 넓적하게 썬다.
2 ①의 두부에 소금과 후춧가루를 넣어서 밑간한 다음 밀가루를 묻힌다.
3 쥬키니는 반달 모양으로 얄팍하게 썰고, 토마토는 1cm 두께로 썬다.
4 프라이팬에 기름을 두르고, ②의 두부를 넣어서 노릇하게 굽는다.
5 ④의 두부가 밑면이 익으면 뒤집고, 버터와 쥬키니와 토마토를 넣어서 함께 굽는다.
6 ⑤에 백포도주를 넣고 3분 정도 조리다가 소금과 후춧가루를 넣어 간한다.
7 그릇에 담고 파슬리 다진 것을 뿌려서 낸다.

cooking point

두부에 들어 있는 사포닌과 레시틴은 성인병의 주범인 콜레스테롤의 수치를 낮춰준다. 또 조금만 먹어도 포만감이 생겨 다이어트에 좋은 재료이다. 많이 먹을수록 좋은 두부는 몇 안 되는 완전식품 중 하나.

찐 닭고기 셀러리 샌드위치

마요네즈 대신 플레인요구르트를 넣어 닭고기와 야채를 버무리면 칼로리를 낮추는 데 효과적일 뿐 아니라 맛도 산뜻하다.

재료

닭고기 가슴살 200g
셀러리 2줄기
백포도주 3큰술
식빵 8장
소금 · 후춧가루 약간씩

소스

저지방 플레인요구르트 4큰술
꿀 1큰술
우유 2큰술
레몬즙 1큰술
소금 · 후춧가루 약간씩

만들기

1 닭고기는 내열용기에 넣어서 소금과 후춧가루, 백포도주를 뿌려서 밑간한다.

2 랩을 씌워서 전자레인지에 넣고 5분 정도 익힌다.

3 셀러리는 어슷하게 썰어서 끓는 물에 소금을 약간 넣고 데쳐서 건진다.

4 ②의 찐 닭고기를 꺼내서 한 김 식힌 후 결대로 찢는다.

5 볼에 소스 재료를 넣고 닭고기와 셀러리를 넣어서 버무린다.

6 식빵을 토스트기에 노릇하게 구운 후 ⑤를 얹어서 먹는다.

cooking point

식빵은 달군 팬에 기름을 사용하지 않고 굽는 것이 좋다. 또 통밀빵이나 곡식이 들어간 빵을 이용하는 것도 칼로리를 줄이는 방법. 마요네즈 대신 플레인요구르트를 넣고 만들면 칼로리 양을 많이 줄일 수 있다. 맛도 상큼하여 기분까지 좋아지는 샌드위치.

포테이토 마카로니

감자는 어떤 종류의 과일과 야채를 넣고 함께 조리해도 잘 어울리는 만능 재료. 포만감이 우수하고 소화도 잘
돼 '속 든든한 다이어트 요리'에 제격.

재료

감자 400g
양파 1개
토마토홀통조림 1캔
다진 마늘 1작은술
마카로니 200g
파르메산치즈 2큰술
올리브유 약간
소금 약간
후춧가루 약간
다진 파슬리 약간

만들기

1 감자는 껍질을 벗겨서 사방 1.5cm 크기로 썰어서 찬물에 담가둔다.

2 양파는 채를 썰어서 준비한다.

3 프라이팬에 올리브유를 두르고 마늘을 넣어서 볶다가 양파를 넣고 잘 볶는다.
여기에 토마토홀을 넣어 볶는다.

4 ③에 감자를 넣고 물 1컵, 파르메산치즈, 소금, 후춧가루를 넣어서 끓인다.

5 다른 냄비에 물을 붓고 소금 1큰술을 넣어서 마카로니를 삶는다. 알맞게 익으
면 건져서 물기를 뺀다.

6 ④에 마카로니 삶은 것을 넣고 잘 섞는다.

7 그릇에 ⑥을 담고 파슬리 다진 것을 뿌려서 낸다.

cooking point

감자는 감자 다이어트가 따로 있을 만큼 다이어트 식품으로 널리 알려져 있다. 감
자를 삶아 저지방 플레인요구르트와 꿀을 약간 넣고 샐러드를 해서 식사 대신 먹
어도 좋다. 과일이나 다른 야채를 함께 넣고 만들면 맛이 한결 좋다. 감자는 뱃속
을 든든하게 하고 소화기관을 튼튼하게 해준다. 마카로니보다 감자를 많이 넣으
면 칼로리가 낮아진다.

Kühne
Gewürz
gurken

감자 샐러드

마요네즈가 아닌 크림치즈를 넣어 만든 소스는 부드럽고 달콤한 맛을 내어 샐러드의 풍미를 더욱 좋게 한다. 소금으로 간을 한다.

재료

감자 1kg
소시지 125g
오이피클 2개
사과(중간 크기) 1개
양파 1개
다진 파슬리(또는 실파) 약간
소금 약간

소스

식용유 5큰술
백포도주식초 4큰술
소금 1/2작은술
크림치즈 200g
달걀노른자 1개
생크림 100g
흰 후춧가루 넉넉히

만들기

1 감자는 물기가 많지 않은 단단한 것으로 준비해 하루 전날 껍질째 삶아서 식혀놓는다.

2 충분히 식힌 감자는 부채 모양으로 납작하게 썬다.

3 소시지는 얇게 썰고, 오이피클은 동글납작하게 썰어놓는다.

4 껍질을 벗겨 손질한 양파는 사각썰기를 한다.

5 사과는 씻은 다음 껍질을 벗기지 않고 4등분해 얇게 나박썰기한다.

6 분량의 소스 재료를 고루 섞어 완성한다.

7 소스에 ②를 넣은 뒤 소시지와 사과, 양파, 오이피클을 넣고 고루 섞는다.

8 기호에 따라 소금을 더 넣거나 후춧가루를 더 넣어 간을 더하고 다진 실파나 파슬리로 장식한다.

cooking point
소 스 재료를 분량대로 섞은 뒤 감자, 소시지, 양파, 사과, 오이피클을 넣고 버무린다. 기호에 따라 소금과 후춧가루의 양을 조절한다.

L'erba cipollina (allium
schoenoprasum) è un
importante erba da cucina
con un sapore simile, ma
molto più delicato, a
ello della cipolla. È una
perenne rustica ch
ontanea in tu
una n
tre o
il c
Zubereit
mit kochen
6 bis 8 Mi
G
g: Einen Filter
dem Wasser
on ziel

오이 수프

배가 고프지는 않지만 왠지 출출할 때, 가벼운 식사를 준비하고 싶을 때, 먹기 쉽고 부담 없는 오이수프를 만들어보자.

재료

오이 600g
양파(중간 것) 1개
버터 1스푼
물 500㎖(또는 ½ℓ)
소금 1작은술
쇠고기다시다 1작은술
고춧가루(곱게 간 것)
코리안더
딜 약간씩
생크림 1~2스푼
훈제연어 50g

만들기

1 오이는 껍질을 벗겨 (감자 깎는 칼을 사용하면 쉽다) 반으로 길게 갈라 속씨를 티스푼으로 말끔히 긁어낸 다음 반달모양으로 납작하게 썬다.

2 양파는 껍질을 벗겨 작고 네모지게 썬다. 냄비에 버터를 넣고 녹인 뒤 양파와 오이 썬 것을 함께 넣고 약한 불에서 볶는다.

3 ②에 물을 붓고 소금, 다시다, 고춧가루, 코리안더를 넣고 뚜껑을 덮어 약 10분간 중불에서 끓인다.

4 ③의 수프가 끓으면 핸드블렌더를 이용하여 양파와 오이를 곱게 간 다음 생크림을 넣는다. 식성에 따라 소금으로 간을 맞춘다.

5 훈제연어는 길고 도톰하게 썰어 준비하고, 장식용 딜은 깨끗하게 씻어 물기를 뺀다.

6 그릇을 더운 물에 담갔다 따뜻하게 한 후 완성된 수프를 담고 그 위에 연어와 딜을 얹어 장식한다.

cooking point
수프 요리에 생크림을 넣으면 한 결 부드러운 맛을 즐길 수 있다. 하지만 사람의 기호는 가지각색이게 마련. 각자의 기호에 따라 넣도록 한다. 생크림이 없을 경우에는 우유나 연유를 대신 넣고 조리해도 좋다.

del priv
spazio
personale,
secondo una pr
degli
che cos
Ma
affin

감자 수프

미처 닭 육수를 준비하지 못했다면 그냥 물을 사용해도 좋다. 소금으로 간을 하고, 부드러운 맛을 즐긴다면 생크림을 조금 넣어보자.

재료

감자 400g
양파 1개
당근 (작은 것) 1개
셀러리 (작은 것) 2~3개
버터 1~2스푼
마늘 (얇게 썬 것) 2~3쪽
닭육수 800ml
생크림은 기호에 따라
넣는다.
무순은 장식용으로
약간만 준비한다.

만들기

1 준비한 야채(감자, 양파, 당근)는 껍질을 벗겨 깍둑썰기한다. 셀러리도 다른 야채와 비슷한 크기로 썬다.

2 냄비에 버터를 녹인 후 손질한 모든 야채를 다 넣어 잠시 볶은 뒤 준비한 닭육수를 붓는다. 야채가 푹 익도록 약 10분간 끓인다. 감자가 완전히 익었는지 꼭 확인한다. 다 끓인 후 무순이 있을 경우에는 약간 넣고 저어준다.

3 불에서 내린 ②는 핸드블렌더를 이용하여 건더기가 없도록 곱게 간다.

4 생크림은 가족 입맛에 맞도록 양을 가늠하여 ③에 넣은 다음, 소금으로 간한다.

5 그릇에 완성된 수프를 담고 무순을 얹어 장식한다.

cooking point

다르게 먹는 방법 1 완성된 감자수프에 비엔나소시지를 동글납작하게 썰어 넣으면 아이들 간식으로 그만이다. 이때 수프를 더 끓일 필요는 없다. **2** 훈제된 생선을 수프 위에 얹어 빵과 함께 먹으면 한 끼 식사로도 그만이고, 식사 전에 즐기는 전채요리로도 좋다.

애호박치즈 수프

바게트나 식빵을 곁들인 애호박치즈 수프는 한 끼 식사로 부족함이 없는 속 든든한 아침 메뉴. 수험생 야식으로도 그만이다.

재료

애호박(또는 쥬키니) 500g
버터 2스푼
바질 5~6줄기
가우다 치즈 100g
닭육수 500ml (1/2ℓ)
생크림 200g
소금
흰 후춧가루
너트맥(간 것) 약간씩

만들기

1 애호박은 깨끗하게 씻어 물기를 걷은 다음 채판을 이용하여 가늘게 채를 친다.

2 준비한 치즈는 호박과 마찬가지로 강판에 곱게 간다.

3 바질은 씻어서 물기를 뺀 후 잎사귀를 떼어내고 줄기는 버린다. 잎사귀는 몇 장 장식용으로 남겨놓고, 나머지는 칼로 채 썰어 놓는다.

4 냄비에 준비한 버터를 녹인 뒤 ①의 채 썬 호박을 넣고 볶는다.

5 ④의 볶은 호박 4스푼 정도는 따로 담아 따뜻하게 놓아두고, 나머지 호박에는 닭고기육수 와 생크림을 넣고 핸드블렌더를 돌려 건더기 없이 곱게 간다. 고루 섞인 호박과 육수 그리고 생크림 혼합물을 다시 한번 살짝 끓여낸다.

6 ⑤에 갈아놓은 치즈를 넣고, 소금, 후춧가루, 너트맥 간 것, 다져 놓은 바질을 넣어 맛과 향을 더한다.

7 오목한 수프 그릇에 ⑤에서 남겨두었던 호박을 넣고 완성된 ⑥의 수프를 담는다. ③에서 장 식용으로 남겨두었던 바질을 살짝 얹어 장식한다.

cooking point

치즈는 되도록 덩어리로 사서 갈아 사용하는 것이 훨씬 맛있다. 쓰고 남은 경우에는 냉장고에 오래도록 보관해도 좋다. 만일 곰팡이가 슬 었더라도 버리지 말고, 그 부분만 긁어내면 나머지 부분은 먹어도 아무 문제 없다. 냉동실에 얼린 치즈는 맛이 없으므로 되도록 얼리지 않 는 것이 좋다. 하지만 부득이한 경우가 생겨 얼렸을 때는 꺼내서 오븐요리에 사용한다.

단호박 수프

생크림이 없으면 우유를 사용해도 좋다. 단, 우유를 사용할 경우 한 번에 넣지 말고 저어가며 조금씩 넣어야 걸쭉해진다.

재료

단호박 600~800g
(늙은 호박,
또는 단호박과
늙은 호박을 섞어서 사용)
감자(큰 것) 1개
당근(작은 것) 2개
양파 1개
마늘(저민 것) 2~3쪽
버터 1스푼
소금
흰 후춧가루 간 것
생크림 적당량
파슬리는 곱게 다져
장식용으로 준비한다.

만들기

1 양파, 당근, 감자, 단호박은 모두 껍질을 벗겨 큼직하게 깍둑썰기하여 준비한다.

2 냄비에 버터를 녹인 뒤 양파와 저며 준비한 마늘을 넣고 볶다가 당근, 감자, 단호박을 넣어 살짝 볶는다.

3 ②에 물을 자작하게 붓고 (재료의 2/3 정도), 야채가 푹 익을 때까지 약 15분 정도 끓인다.

4 ③이 다 끓으면 핸드블렌더로 건더기 없이 곱게 간 다음, 생크림을 넣고 소금과 후춧가루로 간을 맞춘다.

5 오목한 그릇에 완성된 수프를 담고 파슬리가루로 장식한다.

cooking point

단호박은 여름을 대표하는 채소이다. 당질이 주성분이며 비타민 A를 다량 함유하고 있다. 흡수되기 쉬운 형태의 섬유질이 많아 위와 장의 운동을 도와주며 불면증에도 효능이 있다. 생크림이 없는 경우 우유나 연유를 사용해도 괜찮다. 다만 우유를 사용할 경우 우유를 한 번에 넣지 말고 저으면서 조금씩 넣어야 걸쭉해진다.

가뿐하고, 상쾌해요!
한 끼 식사를 가볍게 만드는
곁들임 요리

음식은 즐겁게 먹고,
몸은 가뿐해지는 요리에 기분까지 상쾌하게 돋우는
주스와 차를 곁들여보자.
싱싱한 야채를 바로 갈아 촉촉하고 부드럽고,
영양이 살아 숨쉬는 과일주스, 야채무침 등으로
개운하게 맛을 즐겨보자.

단호박 주스

재료

단호박 200g
우유 1½컵
꿀 1큰술

만들기

1 단호박은 씨를 긁어내고 껍질을 벗겨 작게
썰어서 내열용기에 담아 전자레인지에서 5분
정도 익힌다.

2 ①을 냉장고에 넣어 차게 식힌다.

3 차게 식힌 단호박과 꿀을 믹서에 넣고 간다.

cooking point

호박의 당분은 소화 흡수가 잘되기 때문에 위장이
약한 사람이나 회복기 환자들에게 아주 좋다. 또한
산후 부종이나 일반 부종에 민간요법으로 많이
사용된다. 이뇨, 해독, 안심제의 효능을 지니고
있으며, 뇌신경을 안정시켜 주어 불면증에도
효과적이다. 당뇨병에 걸렸거나 뚱뚱한
사람에게도 좋은 식품이다. 호박을 가장
효과적으로 먹는 방법은 기름에 볶아 먹는 것이다.
호박에는 몸 안에 들어가면 비타민 A로 변하는
프로 비타민인 카로틴이 풍부한데, 기름이 바로
카로틴의 흡수를 돕기 때문이다.

92kcal | 184kcal

귤 주스

재료

귤 5개
레몬즙 1/2큰술

만들기

1 귤은 껍질을 벗겨서 반으로 썬다.
2 믹서에 귤을 넣고 레몬즙을 넣어서 간다.

cooking point

귤은 비타민 C가 풍부한 알칼리성 식품. 유기산의
한 가지인 구연산과 비타민 C의 작용으로
피로회복과 피부미용에 효과를 발휘한다. 귤에
들어 있는 비타민 C는 겨울로 들어서면 추위에
견딜 수 있도록 신진대사를 활발하게 하여 체온을
유지해 주며, 피부와 점막을 튼튼하게 하여 감기
예방에도 도움을 준다. 향기가 좋은 귤차는 위
기능을 도와 혈기를 순조롭게 하면서 폐 기능을
원활하게 하고 갈증을 덜어준다.

사과
파인애플 주스

재료

사과 1/2개
파인애플 200g
우유 2컵

만들기

1 사과와 파인애플은 껍질을 벗겨서 즈게 썬다.
2 믹서에 ①을 넣고 우유를 부어 갈아서 마신다.
꿀을 조금 넣어도 좋다.

cooking point

사과의 당분은 대부분 과당과 포도당이라 흡수가
잘 되는 것이 특징. 사과의 유기산은 우리 몸 안에
쌓인 피로 물질을 제거하는 역할을 한다. 사과에
함유된 펙틴은 채소의 섬유질처럼 장 운동을
자극하는 정장작용을 하는데, 장의 내막게 벽을
만들어 유독성 물질의 흡수를 막고 이상 발효도
방지해 준다. 그렇기 때문에 사과는 변비가 있는
사람에게 좋고, 소금을 너무 많이 섭취하여 생긴
고혈압을 치료하는 데도 도움을 준다.

150kcal | 299kcal

키위 스무디

재료

키위 4개
우유 1컵
사이다 1/2컵
꿀 약간

만들기

1 키위는 껍질을 벗겨서 작게 썬다.
2 믹서에 키위를 넣고 우유와 사이다를 넣어서
간다. 꿀을 넣어서 다시 살짝 간 후 마신다.

cooking point

키위는 비타민 C가 풍부하여 피로회복이나 감기
예방에도 효과가 있다. 키위의 선명한 녹색과
새콤달콤한 향기는 식욕을 자극하므로 식사 전에
조금 마시면 식욕 증진에 효과가 있다. 아직 덜
익은 딱딱한 키위는 잘 익은 키위보다 영양이
떨어진다. 냉장고에 2~3일 두었다가 먹으면 맛과
영양이 더 좋아진다.

리이프스타일을 바꾸는 간편한 건강 요리 3

즐겁게 먹으면서 시작하는 건강 다이어트

초판 발행 2014년 6월 10일

펴 낸 이 김시태
펴 낸 곳 피쉬북

콘텐츠 제공 29ART(주)

출판등록 2013년 1월 31일, 제306-2013-2호
주   소 131-781 서울시 중랑구 신내로 128
전   화 031-922-1725
팩   스 031-921-1725
전자메일 fishbook66@naver.com

ISBN 978-89-98964-62-7 13590